中国与联合国开发计划署合作水资源管理方案项目资助

基于可持续发展目标的流域治理实践研究

——以永定河为例

生态环境部海河流域北海海域生态环境监督管理局

生态环境监测与科学研究中心 编著

中国水利水电出版社
www.waterpub.com.cn

·北京·

内 容 提 要

本书以永定河流域为例，详细分析我国在流域治理中落实可持续发展目标的举措及成效。全书共9章，包括联合国可持续发展议程、可持续发展目标及其中国实践、流域管理的可持续发展历程、流域落实可持续发展目标的评价体系构建、永定河流域概况与治理目标、永定河流域治理措施落实情况及成效分析、永定河流域治理典型示范工程建设与分析、流域治理宣传推广、永定河可持续发展长效机制对策分析。

本书可为有关部门开展流域综合治理提供重要支撑，同时还可供从事流域可持续发展研究人员和关注流域保护事业的热心人士阅读。

图书在版编目（CIP）数据

基于可持续发展目标的流域治理实践研究 ：以永定河为例 / 生态环境部海河流域北海海域生态环境监督管理局生态环境监测与科学研究中心编著. -- 北京 ：中国水利水电出版社，2023.12
ISBN 978-7-5226-2087-9

Ⅰ．①基… Ⅱ．①生… Ⅲ．①永定河－流域治理－研究 Ⅳ．①TV882.82

中国国家版本馆CIP数据核字(2024)第000294号

书　　名	基于可持续发展目标的流域治理实践研究 ——以永定河为例 JIYU KECHIXU FAZHAN MUBIAO DE LIUYU ZHILI SHIJIAN YANJIU——YI YONGDING HE WEILI	
作　　者	生态环境部海河流域北海海域生态环境监督管理局 生态环境监测与科学研究中心　编著	
出版发行	中国水利水电出版社 （北京市海淀区玉渊潭南路1号D座　100038） 网址：www.waterpub.com.cn E-mail：sales@mwr.gov.cn 电话：（010）68545888（营销中心）	
经　　售	北京科水图书销售有限公司 电话：（010）68545874、63202643 全国各地新华书店和相关出版物销售网点	
排　　版	中国水利水电出版社微机排版中心	
印　　刷	天津嘉恒印务有限公司	
规　　格	184mm×260mm　16开本　13印张　220千字	
版　　次	2023年12月第1版　2023年12月第1次印刷	
印　　数	001—600册	
定　　价	**98.00元**	

编　委　会

前　言

　　水是生命之源，是实现可持续发展的必备条件。联合国可持续发展峰会在 2015 年审议通过的《变革我们的世界：2030 年可持续发展议程》（简称《议程》）倡议："我们决心消除一切形式和表现的贫困与饥饿，让所有人平等和有尊严地在一个健康的环境中充分发挥自己的潜能。"《议程》希望用 15 年时间达成人类的可持续发展目标（sustainable development goals，SDGs）。SDGs 综合考量人类共同愿望涉及的经济、社会、资源环境，将可持续发展构建成为一个"经济–社会–资源环境"相互关联的目标体系。《议程》由 17 个可持续发展目标和 169 个具体目标构成，在水和卫生设施方面，提出确保所有人都能够获得清洁的水和卫生设施，同时促进可持续水资源管理。

　　永定河是首都北京的母亲河，是京津冀区域重要水源涵养区、生态屏障和生态廊道。20 世纪 80 年代以来，永定河水资源过度开发、环境承载力差、水污染严重、河道干涸断流、生态系统严重退化、部分河段防洪能力不足等问题突出。2016 年，为落实京津冀协同发展重大国家战略，在生态领域率先实现突破，国家发展改革委、水利部、原国家林业局联合组织编制并印发实施《永定河综合治理与生态修复总体方案》，对改善区域生态环境起到了重要的引领示范作用。本书以永定河流域为例，分析我国在流域治理中落实可持续发展目标的举措及成效，以期为相关流域治理提供参考。

全书共 9 章，第 1 章介绍联合国可持续发展议程，由楚东原编写。第 2 章为可持续发展目标及其中国实践，重点阐述了我国落实可持续发展的具体举措，由楚东原编写。第 3 章介绍流域管理的可持续发展历程，由陈娜、楚东原编写。第 4 章为流域落实可持续发展目标的评价体系构建，由孙博闻、陈娜编写。第 5 章为永定河流域概况与治理目标，介绍永定河流域概况、面临问题和相关治理行动，由徐鹤、楚东原编写。第 6 章为永定河流域治理措施落实情况及成效分析，分别介绍永定河流域在饮用水、水卫生、水资源、水环境、水生态和水管理方面的治理措施，并利用评价指标体系对治理成效进行评价，由徐鹤、楚东原编写。第 7 章为永定河流域治理典型示范工程建设与分析，介绍官厅水库妫水河入库口水质净化湿地工程，同时分析示范工程对可持续发展的贡献，由楚东原编写。第 8 章为流域治理宣传推广，由楚东原、张辉、徐鹤编写。第 9 章为永定河可持续发展长效机制对策分析，由楚东原、徐鹤编写。

本书得到中国与联合国开发计划署合作水资源管理方案项目"推动可持续发展目标在流域治理中的落实——以永定河为例"资助。

受时间和作者水平所限，书中难免存在错误和不足之处，恳请广大读者批评指正。

作者

2023 年 7 月于天津

目 录

第1章 联合国可持续发展议程

2015 年 9 月 25 日，联合国可持续发展峰会在纽约总部召开，联合国 193 个成员国审议通过的《变革我们的世界：2030 年可持续发展议程》（简称《议程》）倡议："我们决心消除一切形式和表现的贫困与饥饿，让所有人平等和有尊严地在一个健康的环境中充分发挥自己的潜能。"《议程》希望用 15 年时间达成人类的可持续发展目标（sustainable development goals，SDGs）。可持续发展作为一种思想，已经成为国际社会共同认可的一种新的发展观；作为一种战略，可持续发展已经成为人类 21 世纪的共同目标；而作为一种行为，可持续发展已经成为世界各国政府和人民共同恪守并加以实施的基本准则。可持续发展之所以成为全人类共同的发展思想、战略和行动，是因为它的思想内涵强调人与自然的协调发展[1]。

1.1 可持续发展思想的提出

从某种意义上说，可持续发展思想是相对于不可持续发展而提出的，它是在深刻总结人类历史教训的基础上形成的。在人类历史上，人类曾经历了漫长的渔猎文明时代。在这一时代里，人类有过对环境的局部性破坏，有时也招致自然的报复，但并不十分严重。从 18 世纪开始，人类进入工业文明时代，在这一时代，由于科学技术的巨大发展，人类改造自然和征服自然的能力得到了极大提升。然而，工业文明所带来的不全是这种令人欣喜的成果，同时也带来了诸多人们意想不到的结果。尤其是 20 世纪以来，科技革命使人类统治自然的能力极大地增强，在造福人类的同时，也使人类与自然的关系急剧恶化：人口膨胀、资源面临枯竭、污染日益严重、生态失衡，人类面临着生存的危机[1]。

1962 年 R. Carson 在《寂静的春天》（*Silent Spring*）一书写道：人类一方面在创造高度文明，另一方面又在毁灭自己的文明，环境问题如不解决，人类将生活在"幸福的坟墓之中"，书中列举了大量污染事实，轰动了欧美各国，标志着人类关心环境问题的开始。

1972 年，米都斯主持的罗马俱乐部的第一个报告《增长的极限》公开发表，向人们发出人类面临困境的警告。报告提出人类要避免一场"灾难性崩溃的最好办法是抑制增长，即实现'零增长'"。许多学者认为无论从保护生态环境还是从经济发展来看，停止增长都是不现实的，也是不理智的[2-6]。1974 年，罗马俱乐部在西柏林召开的第六届年会上，讨论《走向一个更公开的世界社会》并提出了第二个报告《人类处于转折点》，该报告提出了"有机增长"的概念。他们认为，如果是无差异的机械增长，一切增长过程将不得不停止，而有机的增长是可持续的，也只有有机的增长才能使未来的世世代代不受重大危机的影响。

1980 年，国际自然资源保护联合会、联合国环境规划署和世界自然基金共同发表了《世界自然保护大纲》，该大纲提出了持续发展的思想："强调人类利用对生物圈的管理，使生物圈既能满足当代人的最大持续利益,又能保护其满足后代人需求与欲望的能力。"同年联合国大会向全世界发出呼吁:"必须研究自然的、社会的、生态的、经济的,以及利用自然资源过程中的基本关系,确保全球的持续发展。"但是,当时人们对这个呼吁,对持续发展这个概念,似乎有些不大理解,因而没有在世界上引起足够的反响。

1987 年,由挪威原首相布伦特兰夫人主持的世界环境与发展委员会发表了研究报告《我们共同的未来》[7]。该报告第一次明确地给出"可持续发展"的定义:可持续发展是既满足当代人的需要又不对后代人满足其需要的能力构成危害的发展。世界环境与发展委员会在《我们共同的未来》一书中提出:"可持续发展是既满足当代人的需要,又不对后代人满足其需要的能力构成危害的发展。"1992年 6 月,联合国在里约热内卢召开了"环境与发展全球首脑会议",会议普遍地接受了这一思想,并把这一思想作为大会的指导思想。从此,"可持续发展"概念不仅被频繁地见诸联合国和各国的文件和报告中,而且已经成为了一种观念、一种战略、一种人类为了自己的生存和发展所必须共同采取的行动。

1.2　联合国框架下的全球治理——从 MDGs 到 SDGs

2000 年,借千禧年之机,联合国 189 个国家共同签署了《联合国千年宣言》(简称《宣言》),承诺让人类不再遭受基本需求之苦,让每一个人都有机会实现自己的发展,且共同制定了一套 15 年的发展目标和监测指标,即人们常说的"千年发展目标"(millennium development goals,MDGs)。作为重要内容,《宣言》专设一章,承诺保护环境，执行《京都议定书》《生物多样性公约》《在发生严重干旱和/或荒漠化的国家特别是在非洲防治荒漠化的公约》，以及"制止不可持续地滥用水资源"。在此基础上，联合国试图进一步将人类的共同愿望作为发展目标，以确保每个人都能有尊严地在健康的环境中生活[8]。

2015 年 9 月 25 日，联合国 193 个成员国召开联合国可持续发展峰会，审议通过旨在消除贫困和饥饿，促进人的潜能发展的《议程》，《议程》希望用 15 年时间达成人类的可持续发展目标（SDGs）。SDGs 综合考量人类共同愿望涉及的经济、社会、资源环境，将可持续发展建构成为一个"经济-社会-资源环境"相互关联的目标体系。《议程》由 17 个可持续发展目标和 169 个具体目标构成，在整体上可以将其归纳为如下理论逻辑：通过全球合作（目标17），实现社会公正和谐（目标 16），保障可持续的生物物种和环境（目标 13~15），进而保障经济持续繁荣（目标 6~12），实现人类基本需求的满足（目标 1~5）。如果我们把之前的 MDGs 理解为只是试图在经济发展、缓解贫困等与保护环境等有限目标之间达成平衡，那么 SDGs 则可以被理解为以满足人类基本需求为诉求的目标链。其中，生态目标可以被理解为目标链的关键环节。满足人类基本需求不再只是脱贫，而是包含支持子孙后代进一步发展的基础。

与之前单纯在经济发展与资源环境之间寻求平衡不同，SDGs 试图将满足人类基本需求延伸到经济发展、社会发展与资源环境，将影响气候变化的能源消费、受经济发展影响的生产与消费等影响资源环境的经济活动纳入其中，将影响社会平等的让人类彻底摆脱贫困的工作机会平等和住房平等的社会因素纳入其中，构成了在满足人类基本需求的同时又能满足人类未来发展的、人类经济社会活动与资源环境平衡的可持续发展目标传递链。其中，底线是生态环境目标。不积极应对气候变化和保护生物多样性以及生态系统稳定性，就没有人类生存环境的保障，不仅经济发展不可持续，而且经济发展也失去了价值和意义。《议程》展现了人类的雄心，但如何转化为人类共同的实践，变成人类真正的美好未来，依然是一个不确定的问题。

第2章 可持续发展目标及其中国实践

我国是世界上最大的发展中国家，多年来一直高度重视可持续发展工作。为指导和推动联合国可持续发展议程在国内的落实，我国制定发布了《中国落实 2030 年可持续发展议程国别方案》，详细阐述了未来一段时间落实可持续发展目标的具体方案，在各行业中积极推动相关目标的实现❶。可持续发展目标 6（sustainable development goal 6，SDG 6）是《议程》中 17 项可持续发展目标中的一个目标，旨在确保所有人都能够获得清洁的水和卫生设施，同时促进可持续水资源管理。流域是水资源产生、汇聚、利用的载体，水资源的开发保护要从流域层面出发，整体谋划，系统开展。同时，大江大河为流域地区的人流、物流提供了舟楫之便，为两岸的人民生活与生产发展创造了良好的基础条件。可见，现代社会发展离不开流域，可持续水资源管理同样也应依赖于流域[9]。因此，以流域为单元落实可持续发展是实现 SDG 6 的重要途径。

2.1 SDG 6 具体内容

具体来说，SDG 6 旨在实现以下目标：

---

❶ 中华人民共和国. 中国落实 2030 年可持续发展议程国别方案. 纽约，2016.

（1）确保所有人都能够获得安全饮用水。这意味着不仅要提供足够的水资源，还要确保水的质量符合安全标准。

（2）提高卫生设施的普及率。这包括在家庭、学校、工作场所和公共场所等各种场合提供卫生设施，以促进卫生和健康。

（3）加强水资源的可持续管理和保护。这意味着要采取措施保护水资源，预防水污染和水的过度开采，同时推广可持续的水资源管理实践。

（4）提高对水资源的全球协作。这包括加强跨境水资源管理，确保所有人都能够平等地分享和受益于水资源，同时加强国际合作，以支持发展中国家提高其水资源管理能力。

虽然全球范围内在水和卫生设施方面取得了一定进展，但仍有很多地区和人口无法获得清洁水和卫生设施，因此 SDG 6 的实现仍然面临着巨大的挑战。

作为全球最大的发展中国家，中国在落实 2030 年可持续发展议程的过程中，既面临难得的机遇，也面临艰巨的挑战。为指导和推动有关落实工作，中国特制定发布《中国落实 2030 年可持续发展议程国别方案》。将 SDG 6 分为了 6 个小目标，并采取了一系列措施进行落实，具体目标如下：

（1）到 2030 年，人人普遍和公平获得安全和负担得起的饮用水。

（2）到 2030 年，人人享有适当和公平的环境卫生和个人卫生，杜绝露天排便，特别注意满足妇女、女童和弱势群体在此方面的需求。

（3）到 2030 年，通过以下方式改善水质：减少污染，消除倾倒废物现象，把危险化学品和材料的排放减少到最低限度，将未经处理废水比例减半，大幅增加全球废物回收和安全再利用。

（4）到 2030 年，所有行业大幅提高用水效率，确保可持续取用和供应淡水，以解决缺水问题，大幅减少缺水人数。

（5）到 2030 年，在各级进行水资源综合管理，包括酌情开展跨境合作。

（6）到 2020 年，保护和恢复与水有关的生态系统，包括山地、森林、湿地、河流、地下含水层和湖泊。

2.2　中方针对 SDG 6 的具体举措

根据 SDG 6 的 6 个具体目标，将其分为饮用水、水卫生、水环境、水资源、水生态以及水管理 6 个部分。

2.2.1　饮用水

饮用水是指人们日常生活中用于饮用、烹饪和清洗等的水源。饮用水的质量对人们的健康、生产和社会经济发展等方面都具有重要影响。保障所有人获得安全的饮用水是 SDG 6 的核心目标之一。饮用水的重要性体现在以下几个方面：

（1）保障健康：不安全的饮用水可能会导致各种疾病和健康问题，例如腹泻、肝炎、霍乱、疟疾等。特别是对于儿童、孕妇和老年人等易受伤害的人群，安全的饮用水更是不可或缺的。

（2）促进经济发展：安全的饮用水可以提高人们的健康状况，提高生产力，从而促进经济发展；缺乏安全的饮用水可能导致疾病和水危机，严重影响社会和经济的可持续发展。

　　我国为落实"到 2030 年，人人普遍和公平获得安全和负担得起的饮用水"这一目标，采取了一系列措施，并取得了显著的成果。具有代表意义的是实施农村饮水安全巩固提升工程。这是我国政府为实现 SDG 6 目标，保障农村居民安全饮用水而推出的一项重要计划。农村供水工程是农村重要的基础设施，涉及全部农村人口，是一项重大民生工程。该工程主要措施包括：①建设饮水设施，如自来水管道、水塔、水箱等，为农村居民提供更加稳定、安全的饮用水。②采取多种措施加强水资源保护，如开展水土保持工作、禁止乱捕乱捞等，防止水污染和水资源浪费。③建立农村饮水安全管理机制，加强对饮水设施的监管，完善饮水设施的维护和保养制度，确保饮用水的质量和可靠性。农村饮水安全巩固提升工程取得了显著成果。水利部统计显示，截至 2021 年年底，全国共建成农村供水工程 827 万处，农村自来水普及率达到 84%，规模化供水工程覆盖农村人口的比例达到 52%。预计到 2025 年，全国农村自来水普及率达到 88%，农村供水工程布局将更加优化，运行管理体制机制将不断完善，工程运行管护水平将不断提升，水质达标率将不断提高。到 2035 年，我国将基本实现农村供水现代化。

2.2.2　水卫生

　　水卫生是指保证人类生活中的饮用水和卫生设施都符合健康和卫生标准，从而防止水源、水质、卫生设施等方面的污染，预防疾病和传染病的传播，提高人们的生活质量和健康水平。水卫生是实现 SDG 6 中的一个重要领域，对于保障人民健康、促进经济和社会的可持续发展具有重要意义。

水卫生的重要性主要表现如下：

（1）预防疾病传播：卫生不良和水污染是许多疾病和传染病的主要原因。例如，霍乱、腹泻、疟疾等疾病都与饮用不洁水或使用不卫生的设施有关。

（2）促进经济和社会的可持续发展：保障水卫生可以提高人民健康水平和生活质量，促进经济和社会的可持续发展。

（3）改善生态环境：保障水卫生可以减少水污染，改善生态环境，保护水生态系统的完整性和可持续性。

（4）促进社会公平和平等：水卫生的改善可以促进社会公平和平等，特别是对于妇女和弱势群体来说更为重要。例如，保障适当的卫生设施可以提高妇女和女童的生活质量和健康状况。

中国为落实"到 2030 年，人人享有适当和公平的环境卫生和个人卫生，杜绝露天排便，特别注意满足妇女、女童和弱势群体在此方面的需求"这一目标，采取了一系列举措。主要包括以下几方面：

（1）加强基础设施建设：加大了对农村"厕所革命"的投入力度，推动农村厕所改造工作。

（2）加强宣传教育：开展了一系列卫生宣传教育活动，推动居民养成正确的个人卫生习惯。

（3）制定相关政策：发布了相关政策，规范卫生标准和环境卫生行为，强化监管和执法。例如，发布了《城市市容和环境卫生管理条例》等。

其中具有代表意义的是实施"厕所革命"，这是一项关系广大人民群众生活品质的民生工程，是遍布城市、乡村各个角落的国家工程，是改善厕所硬件、改变顽疾陋习的系统工程，是促进国家社会发展、国人文明进步的一场"革命"。为了推进"厕所革命"，国家采取了一系列具体措施，包括：①建设改造公共厕所。政府投入巨资建设、改造和升级公共厕所，特别是在城市和旅游景点等公共场所。政府还鼓励社会力量参与，通过政府和社会共同努力，提升公共卫生设施的质量和数量。②推广环保卫生设备。积极推广环保、节水、智能的卫生设备，如水冲式厕所、自动洗手器等，以满足人民对卫生设施的更高要求。③建立卫生管理体系。政府建立了严格的卫生管理体系，包括厕所设计标准、卫生检测和评估等。还加强了对公共卫生设施的监管，确保设施的质量和卫生水平。④农村"厕所革命"。对农村户用厕所无害化改造，厕所粪污得到处理或资源化利用。"厕所革命"取得了显著的成果。文化和旅游部统计数据显示，自 2015 年文化和旅游部部署开展全国旅游厕所建设管理三年行动计划以来，截至 2017 年年底，全国共新建改扩建旅游厕所 7 万座，超额完成三年行动计划 5.7 万座的 22.8％。根据官方统计，截至 2021 年年底，全国农村卫生厕所普及率超过 70％。其中，东部地区、中西部城市近郊区等有基础、有条件的地区农村卫生厕所普及率超过 90％。在已有工作基础上，2022 年中共中央办公厅、国务院办公厅印发了《乡村建设行动实施方案》，要求推进农村"厕所革命"，加快研发干旱、寒冷等地区卫生厕所适用技术和产品，因地制宜选择改厕技术模式，引导新改户用厕所基本入院入室，合理规划布局公共厕所，稳步提高卫生厕所普及率。同时统筹农村改厕和生活污水、黑臭水体治理，因地制宜建设污水处理设施，基本消除较大面积的农村黑臭水体。到 2025 年实现乡村建设取得实质性进展，农村人居环境持续改善，农村公共基础设施往村覆盖、往户延伸取得积极进展，农村基本公共服务水平稳步提升，农村精神文明建设显著加强，农民获得感、幸福感、安全感进一步增强。

2.2.3 水环境

水环境是指水资源和水生态系统所处的自然和人工环境，包括地表水、地下水、海洋、河流、湖泊等水体及其周围的生态系统、水文地质环境、水资源管理和利用等方面。SDG 6 中的水环境涉及饮用水、农业灌溉水、工业用水、能源生产等多个方面，对人类健康、生态平衡和经济发展都具有至关重要的意义。

水环境的重要性主要表现在：①人类健康和生命安全。水环境受到污染或破坏，会对人类的健康和生命造成严重威胁，导致各种疾病的发生和传播。②生态平衡和生物多样性的维护。如果水环境受到污染或破坏，将导致水生态系统的崩溃和物种灭绝，破坏生态平衡。③经济和社会发展。水环境的保护和治理，不仅能够推动经济发展，还能够促进社会进步。④灾害防治。水环境的破坏可能引发水灾、干旱、地质灾害等自然灾害，对人类生命财产造成严重损失。

中国为落实"改善水质"这一目标，采取了一系列举措。主要包括：①制定相关政策法规。政府制定了一系列相关政策法规，如《水污染防治法》《土壤污染防治法》等，为水环境保护提供了法律支持。②落实《水污染防治行动计划》，大幅度提升重点流域水质优良比例、废水达标处理比例、近岸海域水质优良比例。③加强污染源治理。加强对污染源的监管和治理，采取了一系列举措，如建立污染物排放许可制度、实施水污染防治行动计划等。

其中最有代表性的是《水污染防治行动计划》，该计划是政府针对水环境治理和保护制定的一项重要计划，旨在全面加强水污染防治，推动水环境治理和保护工作的深入开展，实现水环境质量的全面提升。其措施主要包括：①全面控制污染物排放。②推动经济结构转型升级。③着力节约保护水资源。④强化科技支撑。⑤充分发挥市场机制作用。⑥严格环境执法监管。⑦切实加强水环境管理。⑧全力保障水生态环境安全。⑨明确和落实各方责任。⑩强化公众参与和社会监督。落实《水污染防治行动计划》取得了显著的成果。据生态环境部统计，2019 年，全国地表水国控断面水质优良（Ⅰ～Ⅲ类）、丧失使用功能（劣Ⅴ类）比例分别为 74.9%、3.4%，分别比 2015 年提高 8.9 个百分点、降低 6.3 个百分点；大江大河干流水质稳步改善。截至 2019 年年底，三年多累计完成 2804 个水源地10363 个问题整改，一批久拖未决的老大难问题得到纠正，7.7 亿居民的饮用水安全保障水平有力提升。

2.2.4　水资源

水资源是指人类可以利用的水的总量，包括地表水和地下水。在 SDG 6 中，水资源是实现可持续发展目标的核心之一，具有非常重要的意义。

水资源的重要性主要表现在：①水资源是人类生存和发展的基本要素之一，对于保障人类的饮食、生产和生活有着至关重要的作用。②水资源是维持生态系统平衡的重要组成部分，对于保护自然生态环境、维护生态平衡有着至关重要的作用。③水资源的充足与否，直接关系到经济的发展和社会的稳定。水资源短缺会导致粮食、能源、工业和城市供水等多个领域的发展受到限制，同时也会加剧社会矛盾和政治不稳定。

中国为落实"到 2030 年，所有行业大幅提高用水效率，确保可持续取用和供应淡水，以解决缺水问题，大幅减少缺水人数"

13

这一目标，采取了一系列举措。主要包括：①全面推进节水型社会建设，通过推广节水技术和设备，加强水资源管理，优化水资源配置，建设节水型城市、工业园区、农村等，以实现用水效率的提高和缺水问题的缓解。②落实最严格水资源管理制度，强化用水需求和用水过程管理，实施水资源消耗总量和强度双控行动。③推进水资源节约利用。通过加强用水行业的管理和监管，强化节水宣传教育，推广水资源节约利用技术和设备，实施用水效率标准，降低用水浪费，提高水资源的利用效率。④加强水资源保护。通过制定水资源保护规划，加强水资源保护法律法规的制定和实施，保障水源地水质安全，加强水土保持、水生态修复等方面的工作，以保障水资源的可持续供应。⑤发展水资源替代技术。通过研发和推广海水淡化、水资源回收利用等技术，降低对传统淡水资源的依赖，扩大可利用的水资源范围，提高水资源的可持续利用率。这一系列举措取得了一定的成果。据水利部报告，2020 年与 1997 年比较，耕地实际灌溉亩均用水量由 492m³ 下降到 356m³；万元国内生产总值用水量、万元工业增加值用水量 23 年间分别下降了 84%、87%（按可比价计算）。与 2015 年相比，万元国内生产总值用水量和万元工业增加值用水量分别下降 28.0% 和 39.6%（按可比价计算）。2020 年全国用水总量比 2019 年减少 208.3 亿 m³，用水效率进一步提升，用水结构不断优化。

2.2.5　水生态

水生态是指环境水因子对生物的影响和生物对各种水分条件的适应。SDG 6 是到 2030 年实现可持续水资源管理，其中一个关键指标就是保护和恢复水生态系统，包括湿地、河流、湖泊和山区水源地的保护。

水生态系统的重要性表现在：①生态多样性维护。②维护水循环和水质。水生态系统是水循环的重要组成部分，维持了水资源的量和质，为人类提供了清洁的饮用水、灌溉水和农业用水等。水生态系统也可以去除水中的污染物，提高水的质量。③经济价值提升。水生态系统为人类提供了各种生态系统服务。比如，水生态系统为渔业提供了重要的资源，为旅游业提供了重要的景观。④自然灾害控制。水生态系统在自然灾害的预防和控制方面具有重要作用。例如，河流湿地和森林等可以吸收、保持和减缓洪水，避免洪涝灾害的发生。

中国为落实"保护和恢复与水有关的生态系统，包括山地、森林、湿地、河流、地下含水层和湖泊"这一目标，采取了一系列举措。主要包括：①建立国家生态安全框架，保护和恢复与水有关的生态系统，地下水超采问题较严重的地区开展治理行动。②积极开展水和环境等相关领域的南南合作，帮助其他发展中国家加强资源节约、应对气候变化与绿色低碳发展的能力建设，并提供力所能及的支持与帮助。③继续推行用水户全过程参与的工作机制，支持、加强和督促用水户和地方社区参与改进水和环境卫生的管理。④开展了一系列大规模生态保护工程，以恢复和改善生态系统。⑤推行河长制和湖长制，负责全流域的水资源管理和保护，加强水生态系统保护和恢复。

2.2.6 水管理

水管理为对水资源进行规划、利用、调配、保护和监管等方面的管理活动。水管理是 SDG 6 中一个重要的内容，SDG 6 旨在确保所有人都能够获得安全、可靠、可持续的水资源和卫生设施，这需要强有力的水管理机制和政策支持。

水管理的重要性主要表现在：①通过规划、监管和调配等手段，促进水资源的合理利用，实现水资源的可持续利用。②保障水资源的供应和安全。③通过推广节水技术和设备等手段，提高水资源的利用效率，实现资源的高效利用。④可加强对水环境的保护和治理，减少水污染和水资源浪费，维护水环境的良好状态。

中国为落实"到 2030 年，在各级进行水资源综合管理，包括酌情开展跨境合作"这一目标，采取了一系列举措。主要包括：①完善流域管理与行政区域管理相结合的水资源管理体制，强化流域综合管理在水治理中的作用。②制定实施水资源保护规划，以确保水资源的合理分配和有效利用。③推进水资源税立法。为鼓励节约用水和保护水资源，政府开始研究和推进水资源税立法，以收取超标排放和超量取用水资源的税费。④建立水资源权交易市场。中国政府通过建立水资源权交易市场，鼓励市场化配置水资源，提高水资源利用效率。⑤开展跨境水资源合作。中国与周边国家在水资源管理方面开展了多项合作，包括建设水电站、共同开发水资源、开展科技交流等，以促进区域水资源的共同管理和利用。

第 3 章　流域管理的可持续发展历程

　　《议程》既是一份造福人类和地球的行动清单，也是谋求取得成功的一幅蓝图。在水方面，主要提出人人享有清洁用水，及时有效应对气候变化及其影响，保护、恢复和促进可持续利用陆地生态系统、可持续森林管理、防治荒漠化、制止和扭转土地退化现象、遏制生物多样性的丧失等可持续发展目标。一般来说，陆地上的水是以流域为单元、以江河湖泊为载体存在的。流域可持续发展是以水为主体、以流域为研究空间、以流域中人和自然构成的复合系统为研究对象，把人和自然纳入流域这一载体中，从传统的以"人是自然主人"转向"人是自然成员"为价值导向的现代生态文明发展方向，把人看作是自然中的一员，在流域复合系统内研究人与自然的关系及协调发展时还要充分考虑人与人之间的公平准则，这样便可以较好地解决人与自然的相互作用关系，从更高层次上考虑人类生存和发展，达到可持续发展的目标[10]。

　　流域是因为水的存在而形成的，因此，流域水管理是流域管理的基础和核心内容。水管理模式创新和体制发展是流域可持续发展的前提，本章将从这两个方面出发介绍流域管理的可持续发展历程，总结相关管理经验，以期为指导流域水资源管理实践和可持续发展提供参考。

3.1　流域水资源管理模式的转变

流域水管理首先经历了防止和抵御洪涝、滑坡和泥石流等灾害，以及解决水资源量需大于供的单一目标模式；经过发展，逐步转变为考虑包括水土保持、社会发展、综合经济效益和环境保护等多方面目标，从全局的角度出发利用水资源的模式。在多目标阶段，通过适当的法律、体制、机构和方式，预防和控制流域部分或全部经济和社会活动对流域水资源的不当利用和流域水生态系统的破坏，维护流域水安全和生态安全，促进流域的可持续发展[11]。

3.1.1　流域水资源管理的单目标模式

人们最初的目标是单纯地利用流域水资源，进行水管理活动主要是防止和抵御洪涝、滑坡和泥石流等灾害。进入 18 世纪后，特别是工业革命的发生，英国等西方国家的人口快速增长，工业飞速发展对水资源需求激增，水资源短缺现象日益突出。这一时期的流域水资源管理主要是为了解决当时水资源量需大于供的单一目标的，流域管理的手段以水利工程为主，管理水平低下，是流域管理的初级阶段，这种以解决水资源供求关系为主的单一水资源管理一直持续到 20 世纪 30 年代。

在单目标水资源管理模式中，人们对水资源的功能认识单一，对水、土、气的大循环没有足够的理解，割裂了生态环境与水循环的整体性。各国水资源管理水平低，普遍认为地球上的水资源量充足，未预见到水资源总量不足的威胁，进行的管理活动主要是防止洪涝灾害、发展航运和灌溉水利工程，主要的流域水资源管理工作就是单纯的增加水量。各国的水资源政策，使用的管理手段是修建水库、建造堤坝、引水灌溉和河道整治等纯工程手段。

单纯就水治水的单目标水资源管理方法，在人类的用水量还没有超出自然界阈值时，迅速给人们带来了巨大的收益，但也影响了水、土、气的自然循环过程，影响了河流系统的生态过程，产生了水量减少水质下降与生态环境恶化等问题。20 世纪以来，特别是第二次世界大战后，社会生产力极大提高，经济规模不断扩大，人类以前所有的巨大物质财富加速了世界文明的演化过程，但同时一味滥用支撑经济发展的自然资源和生态环境，使地球资源过度消耗，生态环境日趋恶化。

这时人们开始意识到流域系统有不可替代性、服务性与脆弱性等生态属性，并具有提供淡水、发展航运、渔业、发电、净化环境及提供良好旅游景观等多方面的功能。流域系统的这些功能之间是相互联系和相互作用的，它们之间构成流域整体功能，人们利用一种功能会影响其他功能，而且这种影响通常是负面的。人们发现过度开垦、乱砍滥伐等人类活动引起的土壤侵蚀是土地退化的主要原因，而土壤变化趋势又与流域水文过程紧密相连，是水质退化的主要原因。20 世纪 30 年代起，逐步开始了以水土保持为主要目标的流域管理。50 年代，以流域为单元进行资源和环境管理的重要性逐渐为人们所认识，世界各主要国家相继成立了一些流域管理机构，开始逐步探索形成以多目标管理为主要特征的管理体系。

3.1.2　流域水资源协同管理模式及体系

历经多年发展，世界各国都强调要从整体协调的角度出发管理流域水资源。目前，国际上关于流域水资源综合管理的研究较多[12]，针对我国具体情况，我国学者对此从不同角度展开了解析[13-15]，也提出了流域水资源适应性管理[16]等模式。协同思想是解决这些问题的有效途径，已被广泛应用于人力资源[17]、区域治理[18]等研究领域。在水资源领域也有涉及，如刘丙军等[19]将协同学原理应用于水资源优化配置领域，提出了协同优化模型和优化方法；井柳新等[20]针对地表和地下水污染问题，提出了协同控制方案；杜栋等[21]从最严格水资源管理制度的角度出发，解析了水资源协同管理的机制。

3.1.2.1　流域水资源协同管理的起源

在我国，早在明清时期就设立了主管流域事务的河道总督及漕运总督等官职，负责江河防洪和漕运管理。民国时期，扬子江、黄河、珠江等流域委员会成立，直接受中央政府管辖。中华人民共和国成立后，长江、黄河、淮河、珠江相继组建流域机构，一系列流域规划随之出炉。历经多年探索，逐步形成流域管理与行政区管理相结合的管理体制。

在国外，1899 年德国鲁尔河流域的水利工作者与电力生产商组成了鲁尔河协会，是流域管理机构的雏形；1926 年，西班牙成立埃布罗流域联盟；1933 年，美国设立田纳西河流域管理局，是首个正式的流域管理机构。此后，法国、墨西哥、巴西等国家相继引进流域水资源管理方式[22]，管理方向也由早期单纯的水资源开发，逐渐向综合管理及可持续发展思路转变。以下述流域为例，对国外水资源管理方式进行简要介绍：

（1）田纳西河流域。地跨美国 7 个州。19 世纪末，过度的矿物开采、土地开垦和森林砍伐导致流域生态恶化、人民生活贫困。为发展经济，1933 年，田纳西河流域管理局成立，管理局法颁布。管理局与联邦政府同级，可统一开发利用流域内所有资源（如水、土地、电力），甚至能够修正、废除地方性法规和重新立法，享有极高的自治权；代表地方利益的地区资源理事会参与管理，仅具有咨询性质。

（2）墨累-达令河流域。地跨澳大利亚 4 个州。为解决流域内长期存在的用水纠纷，实行以州为核心的流域统一管理。流域部长级理事会为管理核心，流域委员会为执行机构，社区咨询委员会负责各利益主体的连接。与田纳西河流域的高度自治不同，墨累-达令河流域内的各州都享有独立的管理权，由流域部长级理事会组织协商、共同决策。这样的流域协商管理模式是一种水资源管理的政府间合作方式。

（3）罗纳河流域。1992 年，法国的《水法》明确提出流域管理模式，将法国划分为六大流域，以流域为单位进行管理。设立决策机构（流域委员会）及其执行机构（流域管理局），两者相互制约，依法治水。流域委员会由中央、地方政府、用水户等多个利益方组成，以投票方式决策。成立国营私营相结合的经济实体（罗纳河公司），承担流域资源所有者和开发管理者的双重角色。

3.1.2.2　流域水资源协同管理的发展

1. 流域水资源协同管理面临的主要问题

在我国的流域水资源管理中，流域与行政区域的冲突是主要矛盾。气候变化和人类活动日益复杂，水系统越来越多地与其他系统（如经济社会、生态环境）联系紧密[23]，水资源管理不再局限于水利部门，更需要农业、林业、气象、生态、环境等多部门协作参与。以往的管理模式研究虽有简单涉及，但大都较少侧重于此，而协同的思想正是解决这些问题的有效途径。"协同"的主要思想是通过协调多个个体或系统，协同一致地完成某一目标[24]。协同思想在区域治理、水资源优化配置等领域都有广泛应用[19]。

流域水资源协同管理是对流域水资源管理概念的拓展，在流域水资源管理的基础上强调"协同"，这不仅包括了管理主体的协同（涉水利益相关者，如流域机构、流域内不同地方政府、不同用水部门、民众等），还包括了管理对象的协同（水资源系统内部各要素：上下游、左右岸、地表水和地下水等，以及与水资源相关的气候、农业、工业、生态环境等多维系统）、制度保障的协同等，更是实现目标的统一[25]。基于此，提出流域水资源协同管理的概念，即协调流域内多方利益相关者及与水资源相关的多种要素，包括上下游、左右岸、城市和乡村、多种水源、经济发展与水资源保护等多方面内容（特别是不同地方政府，不同涉水部门，与水资源相关的气候、农业、工业、生态环境等多维系统），以实现流域整体可持续开发利用与保护的管理[26]。

2. 流域水资源协同管理模式

水资源协同管理在我国有水资源集成管理[13,27]、统一管理[14]、一体化管理[15]、综合管理[28] 等多种译法和不同角度的解析。虽然表述不同、细节上各有侧重，但这些管理模式都将流域视为一个整体，强调在水资源开发利用中统筹各方需求，这有效地改善了流域治理过程中的碎片化和分散化问题[16,29]。

基于上述对流域水资源协同管理的认识，提出流域水资源协同管理模式的概念，即流域内涉及水资源的多方利益相关者消除壁垒、通力合作，统筹与水资源相关的多种要素，共同实现流域整体的水资源开发利用效益（包括经济效益、社会效益和生态效益）最大的流域水资源管理模式。流域水资源协同管理模式具有如下特点：

（1）坚持协同管理思想。这是一种基于协同理论和思想的流域水资源管理模式，也是流域水资源协同管理的实现方式。

（2）具有统一的管理目标。流域整体的水资源开发利用效益（包括经济效益、社会效益和生态效益）最大。这不仅仅是某个地区、某个部门的个体效益，也不仅仅局限于发展经济、保护生态等某方面的单一效益，而是囊括流域范围内所有利益主体、所有涉水活动的综合效益。

（3）管理主体是协同的。涉及水资源的多方利益相关者（如流域机构、地方政府、不同用水部门、民众等）都可以纳入管理主体，参与管理活动；各自在管理职能上有明确的合理分工，协作时不存在壁垒和障碍。

（4）管理客体是协同的。与水资源开发利用及保护相关的多种要素（如上下游、左右岸、各省区、城市和乡村、多种水源、各类水利工程、水价、水信息等）都可以纳入被管理的对象；这些要素是协调的，共同向统一的管理目标发展。

3.1.2.3 流域水资源协同管理体系建立

基于对流域水资源协同管理及模式的认识，构建流域水资源协同管理体系，作为流域水资源协同管理模式的运行系统。流域水资源协同管理体系是指以流域整体的水资源开发利用效益（包括经济效益、社会效益和生态效益）最大为目标，以协同管理思想为导向，基于相关理论基础、技术支撑和制度保障，协调多方利益相关者的管理职能，实现流域内的水量协同分配、水利工程的协同优化调度、政府主导与市场调节"双轮驱动"的水权水市场建设、水资源-经济社会-生态环境的协同联动、涉水信息协同共享网络平台等多方面内容。

具体而言，该体系包含组织体系、内容体系、制度体系3方面主要内容。其中，组织体系为管理的主体，旨在明确参与管理的利益主体及其所具有的管理职能，回答"谁来管"的问题；内容体系为管理的客体，是管理者针对可能存在的水问题采取的管理措施和具体抓手，回答"管什么"的问题；制度体系是从制度层面规范和保障管理效能，回答"如何有效保障"的问题。此外，指导思想包含协同学思想、系统学思想、公平共享思想、人水和谐思想及可持续发展思想等；理论基础包括水量平衡原理、水循环理论、水资源优化配置理论、协同论、系统论、人水和谐理论等；技术支撑涉及水资源优化配置与调度技术、节水技术、水利信息技术、水污染治理技术等。

1. 组织体系

流域水资源管理主体包括流域机构、行政区域的涉水部门（生态环境、农业、林业、工业部门等）、社会组织、民众等多方利益相关者。具体而言：①可将流域机构定位为一级管理者，统筹负责流域内各项涉水事宜。②由流域机构召集流域涉及的地方政府代表（省-市-县-乡-村多层次）、流域内各行政区域的涉水部门代表（水利、农业、工业、林业、生态、环境等多部门），组成流域协同管理小组，负责各项涉水事务的协商和议事；面临重大决策时，由流域机构组织商讨，流域协同管理小组的各方代表进行表决，以实现公平决策。在各级行政区域内，由各级党政负责同志担任河湖长，负责组织领导相应河湖治理和保护的一项生态文明建设，通过构建责任明确、协调有序、监管严格、保护有力的河湖管理保护机制，维护河湖健康生命、实现河湖功能永续利用提供制度保障。③决策执行过程由流域机构统一安排，各部门各司其职、各负其责，密切配合、协调联动。④对于社会组织和民众，要鼓励和引导其积极、有序地参与管理，进行监督和评价，比如举行听证会、开展第三方评估。

2. 内容体系

（1）统筹流域内的多源供水与不同利益主体的用水需求，形成多水源、跨地区、多部门的水量协同分配机制。水量分配是流域管理面临的首要问题。①处理好流域内地表水和地下水的关系，科学确定地表、地下水开发利用的比例；实行多水源（地表水-地下水-再生水等）联合调度。②处理好上下游、左右岸，各行政区、不同用水部门的用水矛盾，在水资源分配时考虑水资源的时空分布，不同地区一、二、三产业的发展需求等多种因素；不偏袒任何一方的利益，以全流域水资源开发利用效益最大为实现目标。

（2）统筹流域内水利工程的运行管理，实现流域水利工程的协同优化调度。流域内往往有多种水利工程设施，如水库、水电站、灌区等，各自具备蓄水、调水、防洪、发电、灌溉等多种不同的功能。①对于已建的水利工程，在运行管理阶段，各水利工程管理局应在保持信息共享、通力合作的基础上，各司其职、各尽其职。②对于拟建的水利工程，在规划阶段就要以科学长远的眼光进行布局，针对流域水问题和经济社会建设需求，科学定位水利工程的功能、合理规划水利工程的位置和规模。

（3）完善和规范流域内的水权水市场建设，实行政府主导与市场调节"双轮驱动"的协同管理机制。①依法明确水资源的所有权和使用权，其所有权归国有，使用权可在地区间分配、转让。②政府通过发放取水许可证，分配初始使用权，坚持生活、生态用水优先，兼顾公平与效率。③发挥水市场的灵活性，提高水资源的利用效率；取水许可证持有者在遵守市场规则的前提下，依法转让取水权。在此应由法律明确水权转让的条件、数量、期限等。

（4）充分考虑流域内经济社会和生态环境因素，形成流域水资源-经济社会-生态环境协同联动机制。①在水资源分配过程中，注重分配水量与受水区人口及经济水平、产业发展布局的匹配及协调。②关注水环境和水生态问题，将水质水量同时纳入优化配置，采用水质-水量联合调控与调度技术，兼顾河道生态用水、水生动植物栖息空间。③落实流域生态补偿机制。流域内行政区确保出界水质达标，根据出入境水质确定横向补偿标准。

（5）完善信息采集、传输与管理系统，建立流域涉水信息协同共享网络平台。不同地区和部门获取涉水信息的目的、方法和侧重点不一，难以有效综合利用；地区和部门间的信息在质和量上的共享性较差，存在壁垒。树立信息共享、互通有无的合作精神；利用遥感、地理信息系统、全球定位系统、计算机网络技术等现代信息技术实现跨界多元数据的采集、管理和共享，促进决策科学化、实时化、共享化。

3. 制度体系

要实现流域水资源协同管理模式良好运行，需要一系列制度来保障管理效能，这些制度在功能上应该是协调的，在结构上应该是关联的，它们都紧紧围绕着流域水资源协同管理的目标，各方面制度协同联动、功能上相辅相成。特别需要注意的是，鉴于流域情况各异，在我国相关法律的基础上，不同流域可根据自然地理特征和涉及区域的经济社会特点，制定专门的规章制度，以规范流域内的涉水事务。

　　具体而言：①在水资源开发利用方面，可采取流域用水总量控制和定额管理制度、流域取水许可审批上报制度、流域一体化水权分配转让制度、流域内水利工程总体规划调度制度、流域内水价分区分类协同管理制度等。②在水生态环境保护方面，可推行流域一体化水功能区划制度、流域排污总量控制与水功能区限制纳污制度、流域一体化排污权分配和交易制度、流域生态用水保障制度、流域生态补偿制度等。③在管理考核及监督方面，可采取流域治理纳入政府绩效考核制度、涉水决策责任终身追究制度、涉水违法违规行为处罚制度、流域管理公众参与制度、流域涉水信息共享公开制度等。

3.2　我国流域水管理体制的演变与发展

　　流域水管理体制是关于流域水管理的机构、职责及其相互关系的体系和制度，它为有效的流域水管理提供组织、协调、人才、资金等各方面的保障[30,31]。从资源与环境耦合以及系统论的视野出发，流域水管理的对象包括水体、水资源及其形成的水环境、水生态。因此，作为管理体制形成和演变依据的流域水管理法律法规体系，不仅包括水事四大法律——《中华人民共和国水法》（简称《水法》）、《中华人民共和国水污染防治法》（简称《水污染防治法》）、《中华人民共和国防洪法》（简称《防洪法》）、《中华人民共和国水土保持法》（简称《水土保持法》），一般性的全国性法律——《中华人民共和国环境保护法》《中华人民共和国环境影响评价法》《中华人民共和国渔业法》等，流域专门法律——《中华人民共和国长江保护法》《中华人民共和国黄河保护法》《中华人民共和国河道管理条例》《中华人民共和国防汛条例》《中华人民共和国水土保持法实施条例》等国家层面的行政法规和法规性文件，还包括《黄河水量调度条例》《辽宁省水能资源开发利用管理条例》《江苏省水资源管理条例》等特定流域和地方管理的法规。研究流域水管理体制的演变历程，可以对现行体制提供有说服力的解释，并为今后的变革提供可行的路径。

何艳梅[11] 依据水事四法、流域立法、国家政策和改革实践，对我国流域水管理法律体制的演变和发展进行了历史分析和定性评价，指出我国流域水管理从最初的区域管理体制，演变为流域管理与区域管理相结合的体制，目前仍然处于变革之中。近年来的流域管理机构改革强化了流域管理，河长制的实施强化了区域管理，环境监管体制改革要求在生态环保部门建立流域管理机构，国务院和地方政府机构改革则优化了多部门区域管理；这些先后实施的政策和措施之间缺乏统筹，使流域管理与区域管理相结合的体制出现了一定程度的割裂，需要通过进一步的改革予以健全和完善。

3.2.1　分级分部门的行政区域管理体制

中华人民共和国成立伊始，由于国家政治体制、行政管理等宏观原因，我国流域水管理形成了以行政区划为单元的"分级、分部门"体制，相应出台和实施了一些法律法规。国务院 1988 年发布的《河道管理条例》，是我国流域水管理的第一部行政法规，在流域管理史上具有开拓性意义。我国流域管理机构具有悠久的历史，1949—1984 年，水利部先后在黄河、长江、淮河等七大水系成立了流域管理机构，并且于 1975—1988 年间分别内设了水资源保护局。然而 1984 年通过的第一部水事法律——《水污染防治法》，第 4 条规定水污染防治实行"环保部门统一管理与分级、分部门管理相结合"的体制，即部分学者所称的"地方行政分割体制"，并没有明确流域管理机构的地位与职能。其中分管的"有关部门"是指水利部门、卫生行政部门、地质矿产部门、市政管理部门、水资源保护局，加上主管部门，形成"六龙治水"[32]。实际上，水资源保护局受水利部、环保部双重领导，但是由于人事和财务的关系，主要接受水利部的领导。根据 1988 年颁布的第一部《水法》第 9 条的规定，国家对水资源实行水利部门统一管理与"其他有关部门"分级、分部门管理相结合的体制。与《水法》类似，作为水土保持基本法律的 1991 年《水土保持法》，在第 5 条规定了"区域管理、水利部门主管"的体制。而且，这两部法律没有明确规定流域管理机构的地位及职能，进一步强化了区域管理。

在此阶段形成的流域水利用和保护的区域管理体制，由国务院水利部门负责全国水资源利用和保护、防洪、水土保持等工作，环保部门负责水污染防治，此外还有交通、市政、农业、能源等涉水部门，依法分管水运、水能、渔业等事宜。依照中央多个涉水部门的职能划分，每个流域所涉行政区域各级政府的职能部门，按照纵向、垂直的管理方式，管理流域内的水资源开发利用和环境保护事宜。这种管理体制与我国的政治和行政管理体制相一致，但是缺乏科学理性。因为这种区域管理体制未统筹考虑流域水资源的流动性与生态系统的整体性，将高度重合的水资源保护、水污染防治和水土保持割裂开来分别进行管理，而且各分工管理的部门职权不清和缺乏协调，严重影响了流域管理的绩效。作为水利部的派出机构，七大流域管理机构在很长时期主要承担水利建设和防洪的技术咨询工作，其地位相当于国外流域管理机构之中"协调的流域理事会"，只有部门协调、政策建议、监督调查等职能，不具有任何实际的管理和控制职能[33]。但是在随后《水法》的实施及机构改革中，流域管理机构的职能逐渐向规划和管理过渡，演化为"规划和管理的流域委员会"[34]，拥有规划和标准的制定权、管理权两项职能，这为在法律上确立流域管理机构的地位奠定了基础。

3.2.2　流域管理与行政区域管理相结合的体制

20 世纪 90 年代以来，我国经济和社会迅速发展造成严重的水短缺和水污染，行政区域管理体制的弊端日益显现，以流域为单位对水资源利用和保护实行综合管理被提上日程，流域管理机构开始在规划编制、水量分配、水质监测等方面发挥一定作用。为适应这一客观形势和现实需要，我国先后制定或修改了水事四法和一些流域管理行政法规，使我国流域水管理体制发生了重大变化。

1. 防洪实施流域管理与行政区域管理相结合的管理体制

1997 年制定并于 1998 年实施，之后多次修改的《防洪法》，在第 5 条规定防洪工作"按照流域或者区域实行统一规划、分级实施和流域管理与行政区域管理相结合的制度"，开创了"流域管理与区域管理相结合"的管理体制的先河。《防洪法》第 8 条、第 10 条、第 19 条、第 21 条、第 25 条和第 39 条分别规定了水利部门和"其他有关部门"等中央和地方职能部门的职责，包括编制防洪规划、拟定规划治导线、防汛抗洪等；同时也规定了七大流域管理机构的

"防洪协调和监督管理职责",即编制防洪规划、拟定规划治导线、管理河道湖泊、组织营造和管理护堤护岸林木、防汛抗洪。这是法律首次授予流域管理机构一定的行政管理权,也是首次确立流域管理作为防洪管理体制组成部分的地位。然而政府职能部门和流域管理机构的职责规定不明,比如根据《防洪法》第 10 条的规定,负责编制七大水系防洪规划的部门有国务院水利部门、有关部门和有关省份政府等,但是会同编制的"有关部门"不清不楚,这些共同编制部门之间也没有明确的事权和责任划分。

2. 水资源利用和保护实施流域管理与行政区域管理相结合的管理体制

作为水资源利用和保护的基本法,2002 年修订的《水法》改变了原法确立的区域管理体制,规定"流域管理与行政区域管理相结合",确立了流域管理作为水资源管理体制之一部分的地位。《水法》第 17 条、第 32 条、第 45 条一方面规定了中央政府职能部门、地方政府及其水利部门的职权,包括编制重要江河、湖泊的流域综合规划,拟定重要江河、湖泊的水功能区划等;另一方面赋予了流域管理机构编制流域综合规划、批准流域水量分配方案和制定年度水量分配方案和调度计划、拟定水功能区划、核定水域的纳污能力、监测水功能区的水质状况等多方面的职权。《水法》在赋予流域管理机构规划职能的同时,明显强化了其水资源管理职能,也是目前关于流域管理机构职权最集中的法律规定。然而根据上述规定,中央和地方水利部门与流域管理机构的许多职责是共享的,比如县级以上地方政府水利部门与流域管理机构都有制定年度水量分配方案和调度计划、核定水域的纳污能力、监测水功能区的水质状况的职责,但是没有明确相互之间如何进行分工与协作,实践中也发生了职责重叠、交叉，甚至矛盾和冲突。比如淮河水利委员会及其上级部门水利部与国家环境保护总局在排污总量控制方面发生的管辖权争议，造成不良国际影响的松花江水污染事件等，都暴露出管理职能分散和不明确导致流域管理的低效[30]。

3. 水污染防治实施行政区域管理体制

作为全国水污染防治的基本法律，经过 1996 年、2008 年两次修正的《水污染防治法》有进步之处，其第 19 条、第 26 条、第 63 条详细规定了中央和地方政府职能部门的职责，也明确规定流域水资源保护机构享有审批排污口设置、监测省界水体的水质、协商有关省份政府划定饮用水水源保护区等职权。然而该法仍然实行"环保部门统管与其他职能部门分管相结合"的区域管理体制。根据第 8 条的规定，中央、省、市、县每级水污染防治的监督管理部门有 9 个，分别是环保部门、交通部门的海事管理机构、水利部门、国土资源部门、卫生部门、建设部门、农业部门、渔业部门，以及七大流域水资源保护机构，从而由"六龙治水"演变为"九龙治水"。然而根据《水污染防治法》第 12 条、第 16 条、第 20 条、第 28 条、第 29 条、第 63 条的规定，这"九龙"之间在许多事宜上的职责是共享、交叉的，包括制定流域水环境质量标准和水污染物排放标准，编制重要江河、湖泊的流域水污染防治规划，制定重点水污染物排放总量控制指标，建立重要江河、湖泊的流域水环境保护联合协调机制，实施流域环境资源承载能力预警，划定饮用水水源保护区。如此，中央多个职能部门之间、中央职能部门与省级政府之间、中央职能部门与流域管理机构之间都存在权责不明的情况。

在《水污染防治法》的框架下，环保部与国家发展改革委、水利部、住房城乡建设部 2008 年联合出台《淮河、海河、辽河、巢湖、滇池、黄河中上游等重点流域水污染防治规划（2006—2010年）》，并由中央政府对规划实施进行资金和项目支持。地方人大也针对水污染防治和水质保护进行了区域分散立法，比如江苏省人大常委会通过《江苏省长江水污染防治条例》，广东省人大常委会通过《广东省珠江三角洲水质保护条例》，但是受制于现行立法规定和行政管理体制，都是由地方政府和职能部门主导实施区域管理，没有统一的水质管理机构。作为水污染防治主体的环保部门，没有设置流域性管理机构；在防治流域水污染方面负有重要职责的流域水资源保护机构，虽然是水利部、环保部共管，却主要由负责水资源利用的水利部主管。为了加强中央对地方的环保执法监督，环保部于2008年全面组建"区域督查中心"，即华北、华东、华南、西南、西北和东北督查中心，承担包括水污染防治在内的环保督查工作，然而并未改变水污染防治区域管理的体制，环保部门的"统一管理"未能实现。

4. 水土保持实施行政区域管理体制

水土保持是保护流域水资源和生态系统的重要工作[35]，经过2009年、2010年两次修订的《水土保持法》也有进步之处：①第11～14条、第25条、第30条、第42条详细规定了中央和地方政府职能部门的职责，包括组织水土流失调查并公告调查结果、划定并公告水土流失重点预防区和重点治理区、编制水土保持规划、审批生产建设单位编制的水土保持方案、水土保持重点工程的建设管理、对生产建设项目水土保持方案的实施情况进行跟踪检查、水土保持监测、对水土保持情况进行监督检查等。②第5条规定七大流域管理机构"在所管辖范围内依法承担水土保持监督管理职责"，然而其具体"管辖范围"只有两项，即第29条规定的"对生产建设项目水

土保持方案的实施情况进行跟踪检查",第 43 条规定的"对水土保
持情况行使国务院水行政主管部门的监督检查职权",而且还是与水
利部门共享的。最大的问题是,该法仍然维持水利部门主管与有关
部门分管相结合的区域管理体制。

3.2.3　流域管理机构与政府机构改革

2011 年中央一号文件《关于加快水利改革发展的决定》实施以
来,我国以流域综合管理为目标,进行流域水管理体制特别是流域
管理机构的改革。2012—2013 年,水利部会同环保部等多个部门编
制的《长江流域综合规划(2012—2030 年)》(国函〔2012〕220
号)、《辽河流域综合规划(2012—2030 年)》(国函〔2012〕221
号)、《黄河流域综合规划(2012—2030 年)》(国函〔2013〕34
号)、《淮河流域综合规划(2012—2030 年)》(国函〔2013〕35
号)、《海河流域综合规划(2012—2030 年)》(国函〔2013〕36
号)、《珠江流域综合规划》(国函〔2013〕37 号)、《松花江流域综
合规划(2012—2030 年)》(国函〔2013〕38 号)、《太湖流域综合
规划(2012—2030 年)》(国函〔2013〕39 号)先后获得国务院批
复。这些政策文件有很多创新和发展,例如七大流域综合规划明确
提出,流域综合管理到 2030 年基本实现或全面建成。另外,河长制
的推行、环境监管体制改革、国务院和地方政府机构改革也对流域
水管理体制产生了不同影响。

1. 流域管理机构改革强化流域管理

我国除了在七大水系设立流域管理机构,实行区域管理为主、
流域管理为辅以外,省内流域则普遍实行行政区域管理。但是近
些年来,在中央政策和文件的引导下,很多流域通过改革,不断

探索建立和完善适合自身的流域管理机构。较有代表性的改革成果是，属于七大水系的太湖流域和珠江流域管理机构的改革；在七大水系管理机构之外，辽宁省内的辽河干流流域、云南省昆明市的滇池流域、新疆的塔里木河流域、甘肃的石羊河流域等先后设立了专门的流域管理机构。

2. 河长制的实施强化区域管理与科层协调

2007—2008 年，无锡、湖州、衢州、嘉兴、温州等江浙地区陆续试行河长制，党中央、国务院 2016 年 10 月发布的《关于全面推行河长制的意见》使其在全国推进和实施。2017 年修订的《水污染防治法》首次将河长制入法，但是规定非常简略。根据《关于全面推行河长制的意见》、水利部的部署和各地河长制实践，河长制承担着加强水资源保护、河湖水域岸线管理保护、水污染防治、水环境治理、水生态修复、执法监管等 6 项重点任务，旨在通过水陆共治、综合整治、系统治理，改善河湖生态环境，实现河湖功能永续利用[36]。关于河长制与集中实施流域管理的机构——专门性流域管理机构的关系，《关于全面推行河长制的意见》和《水污染防治法》都没有涉及。水利部和环保部 2016 年联合制定的《贯彻落实〈关于全面推行河长制的意见〉实施方案》，对流域管理机构在河长制中的职能定位没有明确表述，只是笼统规定"流域管理机构、区域环境保护督查机构要充分发挥协调、指导、监督、监测等作用"。水利部 2017 年制定的《全面推行河长制工作督导检查制度》，也仅是对各个流域管理机构划分了河长制督导检查工作的责任区域。综合这些政策文件的规定，可以看出流域管理机构在落实河长制的过程中主要是做好督导检查工作，发挥协调、指导、监督等作用。

从河长制的实践来看，在中央政策引领、职能部门安排部署和地方共同努力下，全国所有河湖已经在 2018 年 6 月全面落实河长制，河长制的组织体系、制度体系、责任体系初步形成，已经实现了河长"有名"[36]。全面推行河长制取得了重要阶段性成果，有的河湖水域岸线逐步恢复，有的河湖基本消除黑臭脏现象，有的河湖水质得到提升。然而，河长制只是囿于现行科层管理体制下的工作机制创新，属于更多地发挥行政权威的协调机制，并没有触及流域水资源保护和水污染防治的行政区域管理体制，是在不突破现行"九龙治水"前提下开展的科层协调[37]。而且，河长制本身存在诸多缺点，比如过度依赖"河长"，没有调动各方积极性；职责非法定；治理目标不明确；考核问责难落实；忽视社会力量等[38,39]。有学者通过对海河流域漳河上游管理局在落实河长制作用中的案例研究，发现"流域管理机构＋河长制"在一定程度上产生"1＋1＞2"的效果，但是不能从根本上解决流域水资源利用、水环境治理、重复监测、跨部门沟通协调、跨界纠纷的解决等问题，需要积极推进流域的综合管理和改革。如果河长制能够在实施过程中进一步完善，从"有名"走向"有实"，必将会对小流域的综合治理产生一些积极作用。然而，河长制或许不利于跨省份的、大流域的综合管理，因为它透露出一种行政权依赖，强化了区域管理，会削弱七大水系流域管理机构的作用[40]。

　　3. 环境监管体制改革要求在生态环保部门建立流域管理机构

　　国务院 2015 年出台的《水污染防治行动计划》（俗称"水十条"），是我国 2015—2030 年水污染防治的纲领性文件，在控制污染物排放、推动经济结构升级、节约保护水资源等 10 个方面进行了全面部署。然而该计划仍然维持水资源保护实行流域管理与区域管理相结合、水污染防治实行行政区域管理的体制，只是在第 19 部分（"提升监管水平"）中笼统规定"发挥环境保护区域督查派出机构和流域水资源保护机构的作用"。2016 年开始的环境监管体制改革，拉开了在水污染防治、生态修复等环境管理领域建立流域管理体制的大幕。党中央和国务院 2016 年出台《关于省以下环保机构监测监察执法垂直管理制度改革试点工作的指导意见》，要求开展省以下环保监测监察执法垂直管理改革试点，"积极探索按流域设置环境监管和行政执法机构、跨地区环保机构"。实行环境管理的垂直领导和建立流域性管理机构，可以使环保部门对流域的环境管理摆脱地方保护主义的掣肘。2017 年 2 月，中央深改组审议通过《按流域设置环境监管和行政执法机构试点方案》。2017 年 11 月，环保部六大区域督查中心由事业单位转为环保部派出行政机构，并分别更名为环保部华北、华东、华南、西南、西北和东北监督局，使其享有名正言顺的行政执法权，这成为我国强化流域水环境管理的重要标志。中共中央、国务院 2018 年 6 月发布的《关于全面加强生态环境保护，坚决打好污染防治攻坚战的意见》，要求"全面完成省以下生态环境机构监测监察执法垂直管理制度改革""加快组建流域环境监管执法机构"。这些政策文件和相关改革成果，为《水污染防治法》《水土保持法》修订并建立流域管理与区域管理相结合的管理体制提供了政策依据和实践基础。

4. 国务院与地方政府机构改革优化多部门区域管理

2018 年正式开始的国务院和地方政府机构改革，将一些职能相近或交叉的涉水机构进行重组，推动我国流域水管理体制发生较大变革。根据机构改革方案和成果，中央和地方由自然资源部门、生态环境部门、应急管理部门、水利部门分别负责流域资源管理、流域生态环境和污染防治管理、流域应急管理、水资源利用和水利工程管理。在生态环境领域，按照《深化党和国家机构改革方案》要求，2019 年生态环境部长江流域、黄河流域、淮河流域、海河流域北海海域、珠江流域南海海域、松辽流域、太湖流域东海海域生态环境监督管理局挂牌成立。组建七大流域（海域）生态环境监督管理局，切实按流域海域开展生态环境监管和行政执法，将有利于遵循生态系统整体性、系统性及其内在规律，有利于解决流域海域生态环境保护体制机制突出问题，有利于形成流域海域生态环境保护统一政策标准制定、统一监测评估、统一监督执法、统一督察问责的新格局，进一步提升生态环境工作的系统性和科学性。这次机构改革有利于理顺各职能部门在流域管理中的职责，对于流域可持续发展具有积极意义。

第4章　流域落实可持续发展目标的评价体系构建

　　水管理模式及体制的演变和发展为流域可持续发展创造了条件。与此同时，科学地认识和评价流域落实可持续发展目标的成效可以更好指导水管理模式及体制的创新发展。然而，流域作为一个特殊的区域，是一个复杂的、开放的巨系统，包括自然环境、人类社会和产业经济等子系统，并与系统外的环境保持着密切的物质和能量交换，直接应用数量众多的因子作为评价指标来评价其系统可持续能力是一件非常困难的事，因此利用评价指标建立系统的评价指标体系就很有必要[41]。《中国落实 2030 年可持续发展议程国别方案》中将 SDG 6 分为饮用水、水卫生、水环境、水资源、水生态以及水管理 6 个小目标，本章节首先系统梳理国内外可持续发展评价指标体系研究情况，接着从饮用水、水卫生、水环境、水资源、水生态以及水管理 6 个方面筛选具体评价指标，并确定评价指标权重和赋分方法，最终构建流域落实可持续发展目标的评价体系，为开展永定河流域治理成效分析创造条件。

4.1 国内外可持续发展评价指标体系研究

4.1.1 国外可持续发展评价指标体系研究

从 1992 年联合国召开环境与发展大会以来，可持续发展战略在世界各国得到确立。各个国家、国际组织以及学者从不同角度、不同尺度和不同国情出发，相继开展了可持续发展评价指标体系的研究，提出了各种类型的指数。联合国可持续发展委员会、联合国环境规划署、联合国统计局、环境问题科学委员会、世界银行、欧盟委员会、美国和英国等组织和国家建立的可持续发展评价指标体系就是其中的典型[42-46]。从可持续发展评价指标体系的发展历程来看，大体可以分为以下三个阶段：

（1）萌芽期（20 世纪 70—80 年代）。这一时期的指数主要是基于经济学理论建立起来的，如 Nordhaus 和 Tobin 在 1973 年建立的经济福利测度指数，Estes 在 1974 年建立的社会进步指数，Morris 在 1979 年建立的物质生活质量指数，Daly 等 1989 年建立的可持续经济福利指数等[47-49]。

（2）发展期（20 世纪 90 年代）。在这个时期可持续发展评价指数如雨后春笋般出现，各国组织学者纷纷从不同角度和尺度构建了各自的可持续发展评价指数，如联合国开发计划署 1990 年建立的人类发展指数[55]，世界银行 1995 年提出的新国家财富指标，Cobb 等 1995 年建立的真实发展指数，世界自然保护联盟和国际发展研究中心 1995 年建立的可持续性晴雨表，Wackernagel 等 1996 年建立的著名的生态足迹，道琼斯公司和 SAM 集团 1999 年共同建立了一个很有影响力的道琼斯企业可持续发展指数，欧盟委员会 1999 年建立了环境压力指数[45,50,51]。

（3）成熟期（21 世纪初期）。此时可持续发展评价指标体系研究已经趋于成熟，在这一时期建立的指数更多的是注重环境、发展、经济和社会的某一个领域，研究的对象也更为具体，如联合国 2000 年在《千年宣言》中提出了千年发展目标[52]，国际可持续发展研究院 2001 年建立的一个在国际上颇具影响的可持续评价仪表板[53]，世界经济论坛 2002 年建立的环境可持续发展指数和环境表现指数，南太平洋地球科学委员会 2005 年建立的环境脆弱性指数[54] 以及 Kerk 和 Manuel 在 2008 年建立的可持续社会指数[55] 等。

尽管当前可持续发展评价指数很多，但是这些指数因为测度的准确性、权重赋予的科学性和指标选择的合理性等问题并没有得到广泛应用。但有一些指数如 HDI、生态足迹、ISEW、GPI 和道琼斯企业可持续发展指数等在研究人员的努力下已经在一些国家和地区得到了广泛应用。

4.1.2　国内可持续发展评价指标体系研究

20 世纪 90 年代以来中国可持续发展评价研究得到了巨大的发展，大量且有益的实证研究工作从不同尺度和角度来展开，并出现了很多有较大影响力的可持续发展指标体系。跟国外相比，我国的可持续发展评价指标体系研究主要集中在国家、区域和城市尺度上，而对于企业和产品尺度的研究相对较少。在区域和国家尺度上，主要采用了系统分解法来构建指标体系框架，将区域或国家可持续发展系统分为社会、经济环境和制度等子系统；在城市尺度上，我国是世界上较早开展城市可持续发展评价指标体系研究的国家，并取得了显著的成果。下面将简要介绍一下这些研究成果：

（1）国家尺度的可持续发展评价指标体系。中国科学院可持续发展研究组在 1999 年的《中国可持续发展战略报告》中提出了中国可持续发展指标体系，该指标体系分为 5 个等级，共采用 45 个指数，涵盖 208 个指标[56]。此外国家统计局统计科学研究所和中国 21世纪议程管理中心课题组[57]、国家计委国土开发与地区经济研究所[58] 和国家统计局统计科学研究所[59] 都提出了各自的国家可持续发展指标体系。

（2）区域尺度的可持续发展评价指标体系。中国科学院、国家计委地理研究所的毛汉英 1996 年提出了山东省可持续发展指标体系。该指标体系包含 4 个子系统，总共选用 90 个指标[60]。此外，刘求实等探讨了区域可持续发展指标体系建立的指导原则和方法[61]、张学文等对黑龙江省区域可持续发展的能力和发展水平进行了综合性评价[62]、赵多等建立了由 40 个指标组成的浙江省生态环境可持续发展评价指标体系[63]，乔家君等利用改进的层次分析法评估了河南省的可持续发展能力[64]。

（3）城市可持续发展评价指标体系。华中科技大学卢武强等研究了城市可持续发展系统及组成要素，分析了建立城市可持续发展指标体系的可行性和必要性，并以武汉市为例确立了城市可持续发展的评价方法及所要达到的目标[65]。此外，曹凤中等对可持续发展城市指标体系进行了探讨[66]、张坤民等实证分析了真实储蓄可作为衡量国家和城市环境可持续发展程度的系统化指标[67]、金建君等建立了海岸带可持续发展的概念并提出其评价指标体系和资源型城市可持续发展评价指标体系[68]。

国内外可持续发展评价指标体系是由状态指标、压力指标和响应指标所表征的影响环境可持续发展的三大类指标系统。这个体系可以用来评估和测量可持续发展的状态和进程，从而帮助决策者制定更好的政策来促进可持续发展。状态指标通常包括反映生态系统健康状况、经济发展和人类福祉的指标。这些指标可以显示出一个国家或地区的总体发展水平。压力指标则通常包括资源消耗、环境污染和气候变化等指标。这些指标可以显示出一个国家或地区对环境造成的压力。响应指标则通常包括反映政策实施效果、社会参与度和创新能力等的指标。这些指标可以显示出一个国家或地区在可持续发展方面的响应和努力。总之，可持续发展评价指标体系是一个综合性的评价体系，旨在促进可持续发展和生态环境保护的协调统一。

4.1.3　可持续发展评价指标体系研究展望

随着可持续发展研究进入一个崭新的阶段，可持续科学在 21 世纪初被提出来，Kieffer 等认为可持续性科学是指将关于地球的科学（如地质学、生态学、气候学、海洋学）和关于人类相互关系的人文社会科学进行交叉、综合和应用，以评估、减轻和最小化人类对地球系统的影响，并最终帮助人类更好地管理我们的地球家园的一门学科[69]。Lowe[70] 认为可持续性科学有七个核心问题需要研究，其中有两个是关于可持续发展评价的：①怎样才能使当前的环境和社会经济状况的评估监测体系能为实现可持续性转变提供更有用的指导？②怎样才能使今天相对较为独立的各种研究计划、监测、评价和决策支持活动被更好地综合到适应性管理和社会学习系统中？因此，建立可持续发展评价指标体系来评价个人、组织和社会活动的可持续性水平对于推进可持续发展进程意义重大，是可持续科学研究的重要核心问题，是实施可持续发展战略、制定可持续发展计划、监测可持续发展进程以及科学决策和有效管理的依据。

可持续发展评价虽然已经有成熟的理论和方法体系，但仍存在一些有待解决的问题。当前可持续发展评价指数之所以很少被政策制定者所采纳应用，一个很重要的原因在于它受人为主观因素影响太大。尽管学者们都强调，在指标框架和指标集的选取、指标标准化、指标权重赋予和综合指数合成的过程中会尽可能地避免主观价值判断和文化因素的影响，但综合指数依然或多或少地承载了人们的固有价值观念和主观情感。可持续发展是一个涵盖经济、社会、环境和制度的复杂系统，评估可持续发展应该综合全面地考虑其中的每一个重要方面，并尽可能地刻画出系统的动态变化特征，综合指数如果被错误构建，那么它将会发出误导性的政策信息。因此模型的选择、指标集的选取、权重的确定和数据遗漏值的修补等都应该一丝不苟。同时，进行相关的敏感性分析和不确定性分析可以帮助表征综合指数的可应用性和透明性。总结前人的研究成果，在今后的可持续发展评价指标体系研究中，应重点考虑以下几个方面：

（1）进一步拓展可持续性科学的内涵和外延，更全面综合地把握自然与社会的动态相互作用关系，深刻理解环境与发展之间的辩证依存关系，以期明晰可持续发展的目标愿景状态。

（2）大量的可持续发展评价指数在可持续发展评价的实证研究工作被建立起来，其中有很多指数的建立方法以及过程很不科学，还待加强可持续发展评价指标体系的规范分析研究工作。

（3）结合对综合指数进行不确定性和敏感性分析，探讨如何在指数框架确立、指标集选取、指标标准化、指标权重赋予和综合指数合成方法的选择等问题上尽可能地减少人为主观因素的影响。

（4）从数据质量指标选取、删除和重赋予机制等角度，探讨评估综合指数可应用性、透明度和测度的准确性的一般方法。

（5）努力将可持续发展评价指标体系研究应用到社会经济生活当中，在实践和应用中不断的调整改善可持续发展评价指数。

4.2 评价指标的选取

4.2.1 评价指标选取的基本原则

指标是对系统状态进行描述的参量，流域落实可持续发展目标的评价体系的优劣必须通过具体的评价指标来实现，指标确定得是否合理，对于评价结果有直接的影响。指标的选择要综合考虑社会、经济和生态效益，其优劣要看是否符合可持续发展的原则，是否实现了水资源的可持续利用，使区域人口、资源、环境和经济社会的发展始终处于一种相互协调的状态，从而保证当地的社会经济的可持续发展。因此，在选取评价指标或是构建评价指标体系时，其指导思想是可持续发展理论，此外，还必须坚持下列基本原则：

（1）系统性。即所选取的指标必须能够全面评价水资源配置的合理性。

（2）典型性。水资源配置方案合理性指标众多，从实用、可操作的角度看，评价指标不宜过多过滥，应选择一些有代表性的主要指标，构建综合评价指标体系。

（3）可度量性。从定量评价的需求来看，指标应可量化，对于一些定性指标或涵义比较模糊的指标，原则上不选用。

（4）独立性。即所选用指标间应具有独立性或弱关联性。

4.2.2　评价指标的筛选

中国政府制定《中国落实 2030 年可持续发展议程国别方案》，从战略对接、制度保障、社会动员、资源投入、风险防控、国际合作、监督评估等七个方面入手，分步骤、分阶段推进落实 2030 年可持续发展议程。作为全球最大的发展中国家，中国在《中国落实 2030 年可持续发展议程国别方案》中将 SDG 6 分为了饮用水、水卫生、水环境、水资源、水生态以及水管理 6 个小目标，并采取了一系列措施进行落实。针对中方为达到 SDG 6 的具体举措，按照每个分类提出以下评价指标。

4.2.2.1　饮用水

1. 农村集中供水率

农村集中供水率是指农村集中供水受益人口占农村供水人口的比例。通常，集中供水是指将水从中心化的处理设施输送到居民家中。农村集中供水率的意义在于：①提高饮水安全。通过集中供水，可以降低农村地区因饮用污染水源而引发的疾病的风险，提高饮用水的安全性。②提高生活水平。集中供水可以提供更加便捷的生活水源，使农村居民能够享受到与城市居民同等的生活水平。③促进农业发展。农村集中供水也有助于提高农业生产水平，改善农田灌溉条件，促进农业发展。④促进经济发展。通过建设和维护集中供水系统，可以创造就业机会，促进经济发展。

$$农村集中供水率 = \frac{拥有集中供水服务的农户数量}{总农户数量} \times 100\%$$

2. 农村自来水普及率

农村自来水普及率是指农村居民使用自来水的人口比例。农村自来水工程是一项社会公益性为主的事业，是一项重大民生工程。农村自来水普及率是反映农村居民生活水平、生活质量和卫生条件的一项重要指标。农村自来水普及率的意义在于提高饮水安全。

$$农村自来水普及率 = \frac{农村使用自来水人口数}{本地区农村人口数} \times 100\%$$

3. 饮用水价格

饮用水价格反映了一个地区或群体所需支付的饮用水费用。这个指标通常可以用单价（例如每立方米的价格）来表示，也可以用每月或每年的水费支出来表示。这可以帮助评估不同地区或群体的饮用水价格水平和负担能力，有助于发现和解决饮用水价格不合理或不公平的问题。同时，也可以为政策制定者提供参考，以制定更为合理和公平的饮用水价格政策。

4.2.2.2　水卫生

1. 农村卫生厕所普及率

农村卫生厕所普及率指使用卫生厕所的农户数与农户总户数的比率。这一比例反映了一个国家或地区农村卫生状况的重要指标。农村卫生厕所普及率越高，表示该地区的卫生条件越好，居民的健康水平越高。提高农村卫生厕所普及率的意义在于：①卫生厕所可以防止疾病传播，改善环境卫生，提高村民的健康水平。②卫生厕所可以减少女性因为缺乏私密性而不得不在户外解决生理需求的情况，从而提高女性的尊严和安全感。③卫生厕所的普及还可以改善农村地区的环境卫生，减少水土污染，改善农村居民的生活质量。

$$农村卫生厕所普及率 = \frac{使用卫生厕所的农户数}{农户总户数} \times 100\%$$

2. 公共厕所中配置洗手设施的比例

公共厕所中配置洗手设施的比例是指在公共厕所中设置洗手池的数量与厕位数量的比值。通常，建议至少在每两个厕位之间设置一个洗手池，即洗手池的比例为 1 : 2。如果公共厕所中只有一个厕位，则应至少配置一个洗手池。配置洗手设施的比例意义在于保护公共健康。因为在公共厕所中，细菌和病毒等病原体可以通过污染的手触摸到其他表面，从而传播疾病。如果公共厕所中没有足够的洗手设施，许多人可能会选择不洗手就离开，从而增加疾病传播的风险。此外，提供足够的洗手设施也可以提高公共厕所的舒适度和便利性，提高公共厕所的使用率和用户体验。

4.2.2.3　水环境

1. 城市污水集中处理率

城市污水集中处理率是指城市市区经过城市集中污水处理厂二级或二级以上处理且达到放标准的生活污水量与城市生活污水排放总量的百分比。该指标能够反映一个城市污水集中收集处理设施的配套程度，是评价一个城市污水处理工作的标志性指标。提高城市污水集中处理率可以带来诸多益处：①城市污水经过集中处理后，城市水环境和江河、湖泊的水污染将大大改善，提高人民的健康水平和环境质量。②城市污水集中处理设施出水的水质，要符合污染物排放标准，经环境保护部门抽测检查，按照对水质的不同用途，可有效地利用水资源，从而进一步保护水资源，发展经济。

$$城市污水集中处理率 = \frac{城市生活污水处理量}{城市生活污水排放总量} \times 100\%$$

2. 再生水利用率

再生水利用率指污水处理后实际回用的总水量占污水排放量的比例。再生水主要指对经过或未经过污水处理厂处理的集纳雨水、工业排水、生活排水进行适当处理，达到规定水质标准，可被再次利用的水。从经济的角度看，再生水的成本最低，从环保的角度看，污水再生利用有助于改善生态环境，实现水生态的良性循环。提高再生水利用率可以带来诸多益处：①实现水资源可持续利用，从根本上实现水生态的良性循环，保障水资源的可持续利用。②带来可观的效益，实现水资源的良性循环，并对城市的水资源紧缺状况起到积极的缓解作用，具有长远的社会效益。③清除废污水对城市环境的不利影响，进一步净化环境、美化环境。

$$再生水利用率 = \frac{再生水利用量}{污水排放量} \times 100\%$$

3. 河流/水库溶解氧

溶解氧是水体中游离氧的含量，常作为地表水水质评价指标，用 DO 表示，单位为 mg/L。溶解氧是确定天然河流水体污染是否污染的重要条件，是天然河流水体是否具有自净能力的重要指标。饮用水源地水源水富含溶解氧，表明水质没有受到污染，如果水源水溶解氧过低，说明水体受有机物及还原性物质的污染。因此天然河流水体中溶解氧的高低，是水体污染程度的重要指标，也是衡量水质的综合指标。根据水质等级的划分要求，溶解氧的要求为：Ⅰ类水≥7.5mg/L，Ⅱ类水≥6mg/L，Ⅲ类水≥5mg/L，Ⅳ类水≥3mg/L，Ⅴ类水≥2mg/L。

4. 河流/水库耗氧有机污染物

耗氧污染物又称为需氧污染物，能通过生物化学作用消耗水中溶解氧的化学物质。耗氧污染物常指耗氧有机物，生活污水和食品、造纸、制革、印染、石化等工业废水中含有的糖类、蛋白质、油脂、氨基酸、脂肪酸、酯类等都属于有机污染物质。虽然耗氧有机污染物没有毒性，但其在水中含量过多时，会大量消耗水中的溶解氧，从而影响鱼类和其他水生生物的正常活动。耗氧有机物是造成水体污染的一类比较普遍的污染物之一。水体中有机成分非常复杂，需氧有机物浓度常用生化需氧量（BOD）表示，也可以用化学需氧量（COD）作为测量指标，以反映需氧有机物的含量与水体污染的关系。

BOD 是指在一定条件下，微生物分解存在于水中的可生化降解有机物所进行的生物化学反应过程中所消耗的溶解氧的数量，是反映水中有机污染物含量的一个综合指标。如果进行生物氧化的时间为五天就称为五日生化需氧量（BOD_5）。根据水质等级的划分要求，BOD_5 的要求为：Ⅰ类水≤3mg/L，Ⅱ类水≤3mg/L，Ⅲ类水≤4mg/L，Ⅳ类水≤6mg/L，Ⅴ类水≤10mg/L。

COD 是在一定的条件下，采用一定的强氧化剂处理水样时，所消耗的氧化剂量。它反映了水中受物质污染的程度，化学需氧量越大，说明水中受有机物的污染越严重。根据水质等级的划分要求，COD 的要求为：Ⅰ类水≤15mg/L，Ⅱ类水≤15mg/L，Ⅲ类水≤20mg/L，Ⅳ类水≤30mg/L，Ⅴ类水≤40mg/L。

5. 河流/水库富营养化状况

富营养化是一种氮、磷等植物营养物质含量过多所引起的水质污染现象。其实质是由于营养盐的输入输出失去平衡性，从而导致水生态系统物种分布失衡，单一物种疯长，破坏了系统的物质与能量的流动，使生物量的种群种类数量发生改变，最终破坏水体的生态平衡。

富营养化的指标一般采用：水体中氮的含量超过 0.2～0.33ppm，磷含量大于 0.01～0.02ppm，生化需氧量大于 10ppm，pH 值 7～9 的淡水中细菌总数每毫升超过 10 万个，表征藻类数量的叶绿素 a 含量大于 10mg/L。

6. 水功能区水质达标率

水功能区是指根据流域或区域的水资源条件和水环境状况，结合水资源开发利用现状和经济社会发展对水质、水量的需求以及水体的自然净化能力，在江河湖库划定的具有相应使用功能，并且主导功能和水质管理目标明确的水域。水功能区水质状况及达标情况，是开展水资源合理开发、优化配置、全面节约、有效保护、科学管理、可持续发展的基础性工作，对加强水功能区监督管理和水环境建设具有重大意义。水功能区达标率常用于评价水功能区的水质状况，指水质达标的水功能区占评价的水功能区比例。

$$水功能区达标率 = \frac{水质达标的水功能区个数}{参与评价的水功能区个数} \times 100\%$$

4.2.2.4　水资源

1. 万元 GDP 用水量

万元 GDP 用水量是指用水总量与其国内生产总值的比值，被广泛应用于工业耗水水平的评估中，是国际公认评价用水效率的通用指标之一。其能够反映全社会经济和社会领域发展的耗水量，作为节水型社会的核心指标之一，直观反映着节水政策的执行效果是否切实体现于经济社会的发展当中。万元 GDP 用水量表征宏观用水效

51

率，万元 GDP 用水量越低宏观用水效率越高，有助于保障水安全。

$$万元\ GDP\ 用水量 = \frac{用水总量}{国内生产总值} \times 100\%$$

2. 万元工业增加值用水量

万元工业增加值用水量指工业用水量和年工业增加值的比值，可用于表征工业用水效率，万元工业增加值用水量越低工业用水效率越高。

$$万元工业增加值用水量 = \frac{工业用水总量}{工业增加值} \times 100\%$$

3. 农田灌溉水有效利用系数

农田灌溉水有效利用系数指田间净灌溉用水总量与毛灌溉用水总量的比值，可作为宏观评价灌溉用水效率的指标。毛灌溉用水总量指在灌溉季节从水源引用的灌溉水量。该指标表征了灌溉用水效率实际状况与水平，综合反映工程状况、灌溉技术、管理水平等因素的影响。农田灌溉水有效利用系数表征农业用水效率，农田灌溉水有效利用系数越高农业用水效率越高。

$$农田灌溉水有效利用系数 = \frac{净灌溉用水总量}{毛灌溉用水总量} \times 100\%$$

4. 农业灌溉亩均用水量

农业灌溉亩均用水量是指每公顷农田在一个特定时间段内使用的总灌溉水量，通常以立方米/公顷（m^3/hm^2）或毫米为单位表示。该指标可以用于衡量农业灌溉的效率和水资源的利用情况。

$$农业灌溉亩均用水量 = \frac{供水到田间的灌水量}{灌溉面积} \times 100\%$$

5. 地下水开采量

地下水开采量指一定时段内由特定区域内地下含水层中所提取

的地下水量。地下水超采可能造成地下水水位连续降低、含水层疏干、地面沉降、水质变差、海（咸）水入侵等一系列生态与环境问题，危及供水安全、粮食安全和生态安全，严重制约经济社会的良性发展。因此，控制地下水开采量，达到地下水采补平衡，对于保证水资源可持续利用等十分必要。

6. 地下水回补量

地下水回补量是指采取措施将地表水或其他水源注入地下，以达到增加地下水资源量、恢复地下水采补平衡、净化水质、防止海水入侵和地面沉降、改善生态环境等目的。当地降雨径流、河川基流和洪水，经过净化处理的生活污水和工业废水等，凡能满足回灌水质要求的均可作为回补水源。

7. 地下水水位回升量

地下水水位回升量指通过人工措施对地下水进行回补后，地下水水位提升量。可用于衡量地下水人工回补工程的作用。

4.2.2.5　水生态

1. 浮游植物多样性指数

浮游植物多样性指数是一种用于评估水体浮游植物群落多样性的指标，它反映了水体浮游植物的物种数量和相对丰度。通常状况下，浮游植物的多样性指数越大，表示稳定性越大，生态环境状况越好，而当水体受到污染时，营养生态位较窄的种类大量消亡，多样性指数减小，群落结构趋于简单，稳定性降低，水质出现下降。该指数的计算方法通常基于某些统计学指标，如 Shannon 多样性指数、Simpson 多样性指数、Pielou 均匀度指数等，这些指标可以用来比较不同水体浮游植物群落之间的多样性。

2. 浮游动物多样性指数

浮游动物多样性指数是用于衡量水体中浮游动物群落多样性的指标，它反映了水体中浮游动物物种的数量和相对丰度。浮游动物多样性指数对于评估水体的生态健康状态和水质变化非常重要。当水体浮游动物多样性降低时，可能表明水体受到了某些环境压力的影响，比如水体污染、水温变化、水流速度变化等，同时也会影响水体生态系统的稳定性和功能。浮游动物多样性指数的计算方法与浮游植物多样性指数类似。常用的指数包括 Shannon 多样性指数、Simpson 多样性指数、Pielou 均匀度指数等。

3. 底栖动物指数

底栖动物指数是一种用于评估水体底栖动物群落的健康和生态状况的指标。底栖动物是水生生态系统中重要的指示生物之一，因为它们对水体质量的变化非常敏感，能够反映水体的生态状态和质量。底栖动物可以从水体中吸收营养物质，进而影响水体中其他生物的生存和繁殖。因此，通过监测底栖动物群落的健康状况，可以更好地了解水体生态系统的健康状况和水质情况，并采取相应的保护和治理措施。底栖动物指数的计算方法通常包括底栖动物的数量和种类组成的分析。比如通常采用的有 BI 指数、BMWP 指数、AS-PT 指数等。这些指标在评估底栖动物群落的健康状况时都具有一定的参考价值。

4. 鱼类生物损失指数

鱼类生物损失指数为评估河段内鱼类种数现状与历史参考系鱼类种数的差异状况。鱼类生物损失指数对于评估水体生态系统健康状况和制定相应的保护和治理措施非常重要，助于保护水体生态系统，维护水质，保护水生生物资源，以及维护人类经济和生活的可持续发展。

$$鱼类生物损失指数=\frac{评价年评估河段调查获得的鱼类种类数量}{历史基点评估河段的鱼类种类数量}\times100\%$$

5. 大型水生植物覆盖度

大型水生植物覆盖度是指在水体中，水生植物在水面上覆盖的面积与水体表面总面积的比例。这个指标常常用来评估水生植物的分布和密度，以及水体生态系统的健康状况。大型水生植物是水体中重要的生态组成部分，对维持水生生态系统的生物多样性、氧气含量和水质有着重要的作用。大型水生植物覆盖度高，则意味着水体环境相对较好，水质清洁，水体生态系统的健康状况良好。

$$大型水生植物覆盖度=\frac{水生植物在水面上覆盖的面积}{水体表面总面积}\times100\%$$

6. 通水河长

通水河长是指河流或河段在一年中实际有水流经的长度。这个长度通常用公里表示。通过对流量监测站的水位和流量进行实时监测确定。因为河流或运河的流量在不同的季节和年份会有很大的变化，所以通水河长也会随之变化。在水资源管理和水环境保护方面，通水河长是一个重要的指标。它可以帮助评估水资源的利用效益，指导水文预报和洪水预警，以及制定河流治理和管理规划。

7. 安全亲水河段占比

亲水河段是指河流流域中具有生态功能、保护价值和旅游景观价值较高的河段。这些河段的水质较好，水环境相对完整，河岸两侧的植被覆盖率高，河道水流平缓，适合生物生长和繁殖，是众多水生动植物的栖息地。同时，亲水河段还能够提供旅游、观光、娱乐等功能，成为当地经济和社会发展的重要支撑。保护和恢复亲水河段的生态功能和景观价值，对于维护水资源的可持续利用和促进生态文明建设具有重要意义。

$$安全亲水河段占比 = \frac{安全亲水河段长度}{总长度} \times 100\%$$

8. 区域水网水系结构连通度

区域水网水系结构连通度是指区域内河流、湖泊和其他水体构成的水系结构的连通程度和稳定性。具体来说，它反映了区域水资源在时间和空间上的分布情况，以及水体间的互动关系。水系结构连通度通常可以通过计算区域内水体间的距离、流量和水力学特性等指标来评估。高连通度的水系结构意味着水资源在区域内流动更加便捷，水体间的交换和互补作用更加频繁，水文循环更加平衡，水资源利用效率也更高。

9. 滩地及岸坡植被面积

滩地及岸坡植被面积是指河流、湖泊、海洋等水体周围滩地和岸坡上的植被覆盖面积。滩地及岸坡植被面积有以下几个方面的作用：①抵抗水土流失。滩地及岸坡植被可以保持土壤的结构稳定，减少水土流失，防止水体受到污染。②改善水质。植被通过吸收、过滤和净化水体中的营养物质、污染物和有机物，从而改善水质，保障水生态系统的健康。③保护生物多样性。滩地及岸坡植被提供了生物栖息和繁殖的环境，是许多野生动植物的栖息地和食物来源，保护生物多样性和生态平衡。④抗洪防涝。滩地及岸坡植被可以减缓水流速度，防止水体突然涌入，起到一定的抗洪防涝的作用。

10. 典型河段纵向/横向/垂向传递能力

典型河段纵向/横向/垂向传递能力是指河流在河段纵向/横向/垂向上传递水、沙、泥沙等物质的能力。这个指标有以下几方面的意义：①影响水生态系统。河流纵向/横向/垂向传递能力影响河床上的生物栖息地、水体营养物质传递和污染物清除等生态系统过程。②影响水资源利用。了解典型河段的纵向/横向/垂向传递能力有助于合理规划和利用河流资源，以满足人类的生产和生活需求。③影响水利工程设计。河流纵向/横向/垂向传递能力是设计水利工程的重要参数。④影响河流治理。了解河流纵向/横向/垂向传递能力可以为河流治理提供参考依据，以保护河流生态环境、改善水体质量和水生态系统健康。

4.2.2.6　水管理

1. 公众参与程度

评估公众对水管理的参与和反馈情况，可以提高水资源管理的透明度和公正性，包括公众参与水资源管理、水污染治理、水生态保护等方面。公众参与可以增强社会责任感和水资源意识，形成水资源管理的共同理念和行动。

公众参与程度可从以下指标量化：①公众参与的渠道和机制。②参与人数和参与率，包括参加水资源管理和环境保护会议的人数和比例，参与水资源保护和治理项目的人数和比例等方面。③参与公众的素质和能力，包括公众对水资源管理和环境保护的认知水平、参与水资源管理和环境保护的能力和意愿等方面。④参与公众的满意度和反馈情况，包括公众对水资源管理和环境保护决策的认同度、满意度以及对决策结果的反馈情况等方面。

2. 国家/地方政策、法规、规划

水管理中的国家/地方政策、法规、规划是指国家/地方政府为了保护水资源、管理水环境、促进水资源可持续利用，制定的相关政策、法律法规、规划等文件。其重要意义包括：①指导和规范水资源管理行为。②促进水资源可持续利用。③保障公众健康和环境安全。④推动水资源管理科学化、规范化、现代化。⑤加强水资源管理的国际合作。

国家/地方政策、法规、规划可从以下指标量化：①通过政策、法规、规划的数量和质量来反映国家和地方政府对水资源管理的重视程度。②通过政策、法规、规划的执行情况来评估政策、法规、规划的实施效果。③通过从政府财政预算中反映出政府对水资源管理的投入程度。④通过绩效评价体系来反映政策、法规、规划的实施效果。

3. 国家部门参与程度

水资源管理涉及多个部门和机构的参与，主要包括水利部、生态环境保护、自然资源部、农业农村部等部门。这些部门各自负责水资源的不同方面，如水资源的开发利用、水环境的保护治理、水土保持和防洪减灾等。这些部门的参与程度不同，但都对水资源管理起到了重要的作用，它们的合作和协调可以实现水资源的综合管理和可持续利用。同时，这些部门间的协作也可以促进政策的衔接和落实，推动水资源管理向着科学、规范、有序的方向发展。

国家部门参与程度可从以下指标量化：①颁布的水资源管理和环境保护政策数量和质量。②投入的资金和人力资源比例。③水资源监测和评估的频率和质量。④水资源保护和治理项目的数量和效果。⑤水资源利用效率的提升情况。

4. 地方部门参与程度

地方政府在水管理中的参与程度取决于其职责和权力范围，包括水资源管理、环境保护、城市规划和农业等方面。地方政府在水管理中的参与程度越高，越能够在本地区内有效保护水资源，确保水资源的可持续利用，满足人民生产生活的需要。地方政府参与水管理的意义在于可以更好地满足当地人民的需求，保护水资源，改善环境质量，促进生态保护和可持续发展，同时也可以提高政府的管理效率和形象。地方部门参与程度可同国家部门参与程度相同量化。

5. 监测与管理水平

监测与管理水平指的是对水资源进行实时、定期的监测，以便更好地了解水资源的供需情况，从而采取有效的水资源管理措施，保障人民的饮用水安全，维护生态系统的平衡，促进经济的可持续发展。

监测与管理水平可以从以下指标量化：水资源利用效率、水质指标、水资源保护措施落实情况、水资源管理制度完善度等。

6. 融资与资金使用

融资与资金使用指的是为了实现水资源的有效管理、保护和可持续利用，筹集资金并合理使用资金的过程。这包括对水资源管理项目进行资金筹集和分配，以及对资金使用情况进行监督和评估，以确保资金的有效利用。其意义在于：支持水资源管理项目的实施，保障水资源的可持续利用，促进经济发展。

融资与资金使用可以从以下指标量化：融资金额、资金使用效益、资金使用效率、资金使用透明度等。

7. 跨流域水资源配置面积比例

跨流域水资源配置面积比例指的是不同流域之间调配水资源的比例，常以面积比例衡量。由于不同流域之间的水资源分布和利用情况存在巨大差异，通过跨流域水资源配置可以更好地实现水资源的合理利用和分配，从而维护水资源的可持续发展和生态平衡。其意义在于：①优化水资源配置，提高水资源的利用效率。②保障水资源供应。对于某些干旱地区，通过跨流域水资源配置可以从其他流域调配水资源，确保当地的水资源供应，维护人民生活用水需求。③促进流域协作，加强流域之间的交流与协调，实现水资源共享和优化利用。

落实可持续发展目标的评价指标体系见表4.1。

表 4.1　　　　落实可持续发展目标的评价指标体系

指标类别	联合国 SDG 目标	具体指标	计算公式或获取方法
饮用水	到 2030 年，人人普遍和公平获得安全和负担得起的饮用水	农村集中供水率	拥有集中供水服务的农户数量/总农户数量
		农村自来水普及率	农村使用自来水人口数/本地区农村人口数
		饮用水价格	
水卫生	到 2030 年，人人享有适当和公平的环境卫生和个人卫生，杜绝露天排便，特别注意满足妇女、女童和弱势群体在此方面的需求	农村卫生厕所普及率	使用卫生厕所的农户数/农户总户数
		公共厕所中配置洗手设施的比例	公共厕所中设置洗手池的数量/厕所位数量

指标类别	联合国 SDG 目标	具体指标	计算公式或获取方法
水环境	到 2030 年，通过以下方式改善水质：减少污染，消除倾倒废物现象，把危险化学品和材料的排放减少到最低限度，将未经处理废水比例减半，大幅增加全球废物回收和安全再利用	城市污水集中处理率	城市生活污水处理量/城市生活污水排放总量
		再生水利用率	再生水利用量/污水排放量
		河流/水库溶解氧水质状况	溶解氧含量
		河流/水库耗氧有机污染物	生化需氧量或化学需氧量
		河流/水库富营养化状况	富营养化的指标一般采用：水体中氮的含量超过 0.2～0.33ppm，磷含量大于 0.01～0.02ppm，生化需氧量大于 10ppm，pH 值 7～9 的淡水中细菌总数每毫升超过 10 万个，表征藻类数量的叶绿素 a 含量大于 10mg/L
		水功能区水质达标率	水质达标的水功能区个数/参与评价的水功能区个数
水资源	到 2030 年，所有行业大幅提高用水效率，确保可持续取用和供应淡水，以解决缺水问题，大幅减少缺水人数	万元 GDP 用水量	用水总量/国内生产总值
		万元工业增加值用水量	工业用水总量/工业增加值
		农田灌溉水有效利用系数	净灌溉用水总量/毛灌溉用水总量
		农业灌溉亩均用水量	供水到田间的灌水量/灌溉面积
		地下水开采量	资料搜集
		地下水回补量	资料搜集
		地下水水位回升量	地下水水位回升量/多年平均地下水水位回升量

指标类别	联合国 SDG 目标	具体指标	计算公式或获取方法
水生态	到 2020 年，保护和恢复与水有关的生态系统，包括山地、森林、湿地、河流、地下含水层和湖泊，与 SDG 15 部分内容	浮游植物多样性指数	可使用 Shannon 多样性指数进行计算
		浮游动物多样性指数	可使用 Shannon 多样性指数进行计算
		底栖动物指数	可使用 BMWP 指数进行计算
		鱼类生物损失指数	评价年评估河段调查获得的鱼类种类数量/历史基点评估河段的鱼类种类数量
		大型水生植物覆盖度	水生植物在水面上覆盖的面积/水体表面总面积
		通水河长	通水河长/多年平均通水河长
		安全亲水河段占比	安全亲水河段长度/总长度
		区域水网水系结构连通度	区域内水体间的距离、流量和水力学特性等指标
		滩地及岸坡植被面积	滩地及岸坡植被面积/多年平均滩地及岸坡植被面积
		典型河段纵向传递能力	数值模拟
		典型河段横向输移能力	数值模拟
		典型河段垂向交换能力	数值模拟

指标类别	联合国 SDG 目标	具体指标	计算公式或获取方法
水管理	到 2030 年，在各级进行水资源综合管理，包括酌情开展跨境合作	国家政策、法规、规划	资料搜集
		地方政策、法规、规划	资料搜集
		国家部门参与程度	资料搜集
		地方部门参与程度	资料搜集
		公司、民众参与程度	资料搜集
		监测与管理水平	资料搜集
		融资与资金使用	资料搜集
		跨流域水资源配置面积比例	资料搜集

4.3　评价指标体系评分

4.3.1　评价指标体系指标权重赋值

在落实可持续发展目标的评价体系中，评价指标的权重是反映各评价指标对水资源配置评价影响程度的量。如果说评价指标的选取与处理是综合评价的基础，则评价指标权重的确定是综合评价的关键，这是因为指标权重直接反映了每个评价指标（或各目标属性）的相对重要程度，决定着评价的结果是否客观。表示重要程度最直接和简便的方法是给各指标赋予权重（权系数）。通常，表征指标权重的方法主要有主观赋权法和客观赋权法两种，主观赋权法是表示决策分析者对指标的重视程度，客观赋权法是表示指标本身所包含信息的大小，各种赋权方法都有其不同的特点和适用范围。

使用表4.2所列规则对指标体系准则层和指标层涉及因素进行打分，准则层和指标层打分表分别为表4.3～表4.9。

表4.2　　　　　　评价指标体系指标权重打分规则

因素 i 比因素 j	量化值	说　　明
同等重要	1	纵向为因素 i
稍微重要	3	横向为因素 j
较强重要	5	（1）只需填写7个表格的白色区域，灰色区域不用填写。
强烈重要	7	（2）所有对比均为纵向（i）/横向（j），后续子表相同举例：如果水环境比水资源稍微重要，则在单元格 $j4$ 填写3；如果水资源比水环境稍微重要，则在单元格 $j4$ 填写1/3
极端重要	9	
两相邻判断的中间值	2，4，6，8	
若因素 j 更重要	倒数	

表4.3　　　　　　评价指标体系准则层权重打分表

准则层	j 饮用水	j 水卫生	j 水环境	j 水资源	j 水管理	j 水生态
i 饮用水	1.00					
i 水卫生		1.00				
i 水环境			1.00			
i 水资源				1.00		
i 水管理					1.00	
i 水生态						1.00

表 4.4 评价指标体系指标层"饮用水"权重打分表

饮用水	农村集中供水率	农村自来水普及率	饮用水价格
农村集中供水率	1		
农村自来水普及率		1	
饮用水价格			1

表 4.5 评价指标体系指标层"水卫生"权重打分表

水卫生	农村卫生厕所普及率	公共厕所中配置洗手设施的比例
农村卫生厕所普及率	1	
公共厕所中配置洗手设施的比例		1

表 4.6 评价指标体系指标层"水环境"权重打分表

水环境	城市污水集中处理率	再生水利用率	河流/水库溶解氧水质状况	河流/水库耗氧有机污染物	河流/水库富营养化状况	水功能区水质达标率
城市污水集中处理率	1					
再生水利用率		1				
河流/水库溶解氧水质状况			1			
河流/水库耗氧有机污染物				1		
河流/水库富营养化状况					1	
水功能区水质达标率						1

表 4.7　　　评价指标体系指标层"水资源"权重打分表

水资源	万元GDP用水量	万元工业增加值用水量	农田灌溉水有效利用系数	农业灌溉亩均用水量	地下水开采量	地下水回补量	地下水水位回升量
万元 GDP 用水量	1						
万元工业增加值用水量		1					
农田灌溉水有效利用系数			1				
农业灌溉亩均用水量				1			
地下水开采量					1		
地下水回补量						1	
地下水水位回升量							1

表 4.8　　　评价指标体系指标层"水管理"权重打分表

水管理	国家政策、法规、规划	地方政策、法规、规划	国家部门参与程度	地方部门参与程度	公司、民众参与程度	监测与管理水平	融资与资金使用	跨流域水资源配置面积比例
国家政策、法规、规划	1							
地方政策、法规、规划		1						
国家部门参与程度			1					
地方部门参与程度				1				
公司、民众参与程度					1			
监测与管理水平						1		
融资与资金使用							1	
跨流域水资源配置面积比例								1

表 4.9　　评价指标体系指标层"水生态"权重打分表

水生态	浮游植物多样性指数	浮游动物多样性指数	底栖动物指数	鱼类生物损失指数	大型水生植物覆盖度	通水河长	安全亲水河段占比	区域水网水系结构连通度	滩地及岸坡植被面积	典型河段纵向/横向/垂向传递能力
浮游植物多样性指数	1									
浮游动物多样性指数		1								
底栖动物指数			1							
鱼类生物损失指数				1						
大型水生植物覆盖度					1					
通水河长						1				
安全亲水河段占比							1			
区域水网水系结构连通度								1		
滩地及岸坡植被面积									1	
典型河段纵向/横向/垂向传递能力										1

4.3.2　评价指标体系指标赋分方法

依据表 4.10 提供的方法对评价指标体系中各指标进行赋分。

表4.10 评价指标体系各指标赋分方法

准则层	准则层权重	指标	各指标权重	总权重	计算公式	打分备注（采用区间线性插值赋分）	优（8~10分）	良（6~8分）	中（4~6分）	差（2~4分）	劣（0~2分）
1. 饮用水	0.333	1.1 农村集中供水率	0.272	9.07%	拥有集中供水服务的农户数量/总农户数量	供水率为多少，则计为多少分。值越高越好	0.8~1	0.6~0.8	0.4~0.6	0.2~0.4	0~0.2
		1.2 农村自来水普及率	0.39	13.01%	农村使用自来水人口数/本地区农村人口数	自来水普及率为多少，则计为多少分。值越高越好	0.8~1	0.6~0.8	0.4~0.6	0.2~0.4	0~0.2
		1.3 饮用水价格	0.338	11.26%	研究区域饮用水价格/呼和浩特、太原、石家庄、北京和天津的平均饮用水价格	饮用水价格越便宜说明该地区饮用水负担能力越小。以评价地所在省市评价年省会（市区）饮用水价格为基准，赋值方法：研究区域（市区）饮用水价格/省会（省）饮用水价格	0.5~0.7	0.7~0.9	0.9~1.1	1.1~1.3	>1.3
2. 水卫生	0.138	2.1 农村卫生厕所普及率	0.795	11.00%	使用卫生厕所的农户数/农户总户数	农村卫生厕所普及率为多少，则计为多少分。值越高越好	0.8~1	0.6~0.8	0.4~0.6	0.2~0.4	0~0.2

续表

准则层	准则层权重	指标	各指标权重	总权重	计算公式	打分备注（采用区间线性插值赋分）	优（8~10分）	良（6~8分）	中（4~6分）	差（2~4分）	劣（0~2分）
2.水卫生	0.138	2.2 公共厕所中配置洗手设施的比例	0.205	2.84%	公共厕所中设置洗手池的数量与厕所所位数量的比值	通常，建议至少在每两个厕位之间设置一个洗手池，即洗手池所位数量的比例为1:2。如果公共厕所中只有一个厕位，则应至少配置一个洗手池。值越高越好	>0.8	0.6~0.8	0.4~0.6	0.2~0.4	0~0.2
		3.1 城市污水集中处理率	0.253	4.22%	城市生活污水处理量/城市生活污水排放总量	城市污水集中处理率为多少，则计为多少分。值越高越好	0.8~1	0.6~0.8	0.4~0.6	0.2~0.4	0~0.2
		3.2 再生水利用率	0.098	1.64%	再生水利用量/污水排放量	再生水利用率为多少，则计为多少分。值越高越好	0.8~1	0.6~0.8	0.4~0.6	0.2~0.4	0~0.2
3.水环境	0.167	3.3 河流溶解氧水质状况	0.108	1.80%	溶解氧含量/5	根据《地表水环境质量标准》(GB3838—2002)，溶解氧含量≥7.5为I类水，≥6为II类水，≥5为III类水，≥3为IV类水，≥2为V类水。因此以III类水标准值为标准，溶解氧为一定范围内越好的指标，则赋值：溶解氧含量/5。即溶解氧	>1.6	1.2~1.6	0.8~1.2	0.4~0.8	0~0.4

续表

准则层	准则层权重	指标	各指标权重	总权重	计算公式	打分备注（采用区间线性插值赋分）	优（8～10分）	良（6～8分）	中（4～6分）	差（2～4分）	劣（0～2分）
3. 水环境	0.167	3.3 河流溶解氧水质状况	0.108	1.80%	溶解氧含量/5	含量为 7.5，记作 1.5 分；溶解氧含量为 2，则记作 0.4。值越高越好	>1.6	1.2～1.6	0.8～1.2	0.4～0.8	0～0.4
		3.4 河流耗氧有机污染物	0.065	1.09%	生化需氧量/4 或化学需氧量/20	根据水质等级的划分要求为：Ⅰ类水≤3mg/L，Ⅱ类水≤3mg/L，Ⅲ类水≤4mg/L，Ⅳ类水≤6mg/L，Ⅴ类水≤10mg/L。因此以Ⅲ类水标准值为标准，生化需氧量为在一定范围内越小越好的指标，即生化需氧量含量/4。生化需氧量含量为 3，记作 0.75 分；生化需氧量含量为 10，记作 2.5 分；根据水质等级的划分要求为：Ⅰ类水≤15mg/L，Ⅱ类水≤15mg/L，Ⅲ类水≤20mg/L	0～0.5	0.5～1	1～1.5	1.5～2	>2

续表

准则层	准则层权重	指标	各指标权重	总权重	计算公式	打分备注（采用区间线性插值赋分）	优（8~10分）	良（6~8分）	中（4~6分）	差（2~4分）	劣（0~2分）
3. 水环境	0.167	3.4 河流耗氧有机污染物	0.065	1.09%	生化需氧量/4 或化学需氧量/20	Ⅳ类水≤30mg/L，Ⅴ类水≤40mg/L。因此以Ⅲ类水标准值为标准，化学需氧量为在一定范围内越小越好的指标，则赋分：化学需氧量含量/20。即化学需氧量含量为15，记作0.75分；生化需氧量含量为40，记作2分。值越低越好	0~0.5	0.5~1	1~1.5	1.5~2	>2
		3.5 河流富营养化状况	0.07	1.17%	氮、磷、生化需氧量，pH值7~9的淡水中细菌总数，叶绿素a含量（测量值/标准量），取平均值	富营养化的指标一般采用：水体中氮的含量超过0.2~0.33mg/L，磷含量大于0.01~0.02mg/L，生化需氧量大于10mg/L，pH值7~9的淡水中细菌总数每毫升超过10万个，表征藻类数量的叶绿素a含量大于10mg/L。以上均为大于一定范围内越小越好的指标，因此以氮含量为0.2mg/L，磷含量为0.01mg/L，pH值/L，生化需氧量为10mg/L，pH值	0~0.4	0.4~0.8	0.8~1.2	1.2~1.6	>1.6

续表

准则层	准则层权重	指标	各指标权重	总权重	计算公式	打分备注	优(8~10分)	良(6~8分)	中(4~6分)	差(2~4分)	劣(0~2分)
3.水环境	0.167	3.5 河流富营养化状况	0.07	1.17%	氮、磷、生化需氧量，pH值7~9的淡水中细菌总数，叶绿素a含量（测量量/标准量）取平均值	7~9的淡水中细菌总数每毫升10万个，叶绿素a含量为10mg/L作为标准，对以上5个指标进行赋分：测量量/标准量，最后对5个分值进行平均即可。值越低越好	0~0.4	0.4~0.8	0.8~1.2	1.2~1.6	>1.6
		3.6 水库溶解氧水质状况	0.135	2.25%	溶解氧含量/5	根据《地表水环境质量标准》(GB 3838—2002)，溶解氧含量≥7.5为I类水，≥6为II类水，≥5为III类水，≥3为IV类水，≥2为V类水。因此以III类水标准值越好的指标，溶解氧为在一定范围内越好的指标，则赋分：溶解氧含量/5。即溶解氧含量为7.5，记作1.5分；溶解氧含量为2，则记作0.4分。溶解氧值越高越好	>1.6	1.2~1.6	0.8~1.2	0.4~0.8	0~0.4

续表

准则层	准则层权重	指标	各指标权重	总权重	计算公式	打分备注（采用区间线性插值赋分）	优（8～10分）	良（6～8分）	中（4～6分）	差（2～4分）	劣（0～2分）
3.水环境	0.167	3.7 水库耗氧有机污染物	0.065	1.09%	生化需氧量/4 或化学需氧量/20	根据水质等级的划分要求，生化需氧量的要求为：Ⅰ类水≤3mg/L，Ⅱ类水≤3mg/L，Ⅲ类水≤4mg/L，Ⅳ类水≤6mg/L，Ⅴ类水≤10mg/L。因此以Ⅲ类水标准为标准，生化需氧量为在一定范围内越小越好的指标，则赋分：生化需氧量含量为3，即生化需氧量含量为10，记作0.75分；生化需氧量含量为15，记作2.5分。根据水质等级的划分要求，化学需氧量的要求为：Ⅰ类水≤15mg/L，Ⅱ类水≤15mg/L，Ⅲ类水≤20mg/L，Ⅳ类水≤30mg/L，Ⅴ类水≤40mg/L。因此以Ⅲ类水标准为标准，化学需氧量为在一定范围内越小越好的指标，则赋分：化学需氧量含量为20，即化学需氧量含量为15，记作0.75分，记作2分。值越低越好	0～0.5	0.5～1	1～1.5	1.5～2	>2

续表

准则层	准则层权重	指标	各指标权重	总权重	计算公式	打分备注（采用区间线性插值赋分）	优（8～10分）	良（6～8分）	中（4～6分）	差（2～4分）	劣（0～2分）
3. 水环境	0.167	3.8 水库富营养化状况	0.07	1.17%	氮、磷、生化需氧量，pH值7～9的淡水中细菌总数，叶绿素a含量（测量量/标准量）取平均值	富营养化的指标一般采用：水体中氮的含量超过0.2～0.33mg/L，磷含量0.01～0.02mg/L，生化需氧量大于10mg/L，pH值7～9的淡水中细菌总数每毫升超过10万个，表征藻类数量的叶绿素a含量大于10mg/L。以上值均为在一定范围内越小越好的指标，因此以氮素为0.2mg/L，磷含量为0.01mg/L，生化需氧量为10mg/L，pH值7～9的淡水中细菌总数每毫升10万个，叶绿素a含量为10mg/L作为标准，对以上5个指标进行赋分：测量量/标准量，最后对5个分值进行平均即可。值越低越好	0～0.4	0.4～0.8	0.8～1.2	1.2～1.6	>1.6
		3.9 水功能区水质达标率	0.135	2.25%	水质达标的水功能区/参与评价的水功能区	水功能区水质达标率为多少，则计为多少分。值越高越好	0.8～1	0.6～0.8	0.4～0.6	0.2～0.4	0～0.2

续表

准则层	准则层权重	指标	各指标权重	总权重	计算公式	打分备注（采用区间线性插值赋分）	优（8~10分）	良（6~8分）	中（4~6分）	差（2~4分）	劣（0~2分）
4. 水资源	0.147	4.1 万元GDP用水量	0.172	2.53%	（用水总量/国内生产总值）/我国万元GDP用水量	万元GDP用水量越低宏观用水效率越高，即一定范围内，万元GDP用水量越低越好。2020年我国万元GDP用水量57.2m³，可以此为标准，则赋分：万元GDP用水量/57.2。值越低越好	0.5~0.7	0.7~0.9	0.9~1.1	1.1~1.3	>1.3
		4.2 万元工业增加值用水量	0.126	1.85%	（工业用水总量/工业增加值）/我国万元工业增加值用水量	万元工业增加值用水率越低工业用水效率越高，即一定范围内，万元工业增加值用水量越低越好。2020年国万元工业增加值用水量32.9m³，可以此为标准，则赋分：万元工业增加值/32.9。值越低越好	0.5~0.7	0.7~0.9	0.9~1.1	1.1~1.3	>1.3
		4.3 农田灌溉有效利用系数	0.117	1.72%	（净灌溉用水量/毛灌溉用水量）/全国农田灌溉有效利用系数	农田灌溉水有效利用率越高农业用水效率越高，即一定范围内，农田灌溉水有效利用系数越高越好。2020年全国农田灌溉水有效利用系数为0.565，可以此为标准，则赋分：农田灌溉水有效利用系数/0.565。值越高越好	>1.3	1.1~1.3	0.9~1.1	0.7~0.9	0.5~0.7

续表

准则层	准则层权重	指标	各指标权重	总权重	计算公式	打分备注（采用区间线性插值赋分）	优（8~10分）	良（6~8分）	中（4~6分）	差（2~4分）	劣（0~2分）
4. 水资源	0.147	4.4 农业灌溉苗均用水量	0.103	1.51%	（供水到田间的灌水量/灌溉面积）/全国农业灌溉苗均用水量	该指标可以用于衡量农业灌溉的效率和水资源的利用情况，一定范围内，农业灌溉苗均用水量越小越好。2020年全国农业灌溉苗均用水量为356m³，可以此为标准。赋分：农业灌溉苗均用水量/356。值越低越好	0.5~0.7	0.7~0.9	0.9~1.1	1.1~1.3	>1.3
		4.5 地下水开采量	0.153	2.24%	地下水开采量/多年平均地下水开采量	控制地下水开采量，达到地下水采补平衡，对于保证水资源可持续利用等十分必要。地下水开采量越小越好。因此地下水开采量以研究区域多年平均地下水开采量为标准。可赋值：地下水开采量/多年平均地下水开采量。值越低越好	0.5~0.7	0.7~0.9	0.9~1.1	1.1~1.3	>1.3
		4.6 地下水回补量	0.147	2.16%	地下水回补量/多年平均地下水回补量	地下水回补量越高则改善生态环境越好。以研究区域多年平均地下水回补量为标准。可赋值：地下水回补量/多年平均地下水回补量。值越高越好	>1.3	1.1~1.3	0.9~1.1	0.7~0.9	0.5~0.7

续表

准则层	准则层权重	指标	各指标权重	总权重	计算公式	打分备注（采用区间线性插值赋分）	优（8~10分）	良（6~8分）	中（4~6分）	差（2~4分）	劣（0~2分）
4.水资源	0.147	4.7 地下水水位回升量	0.182	2.68%	地下水位回升量/多年平均地下水水位回升量	地下水水位回升量越高则改善生态环境越好。以研究区域多年平均地下水水位回升量为标准，可赋值：地下水水位回升量/多年平均地下水水位回升量，值越高越好	>1.3	1.1~1.3	0.9~1.1	0.7~0.9	0.5~0.7
5.水管理	0.117	5.1 国家政策、法规、规划	0.146	1.71%	通过政府网站、政府工作报告、公开文件和年度评估等进行数据获取	国家/地方政策、法规、规划可从以下指标量化：①通过政策、法规、规划的数量和质量来反映国家和地方政府对水资源管理的重视程度。②通过政策、法规、规划的执行情况来反映政府评估政策的实施效果。③通过从政府财政预算中反映出政府对水资源管理的投入程度。④通过绩效评价体系来反映政策、法规、规划的实施效果	很多	较多	一般	较少	很少
		5.2 地方政策、法规、规划	0.072	0.85%			很多	较多	一般	较少	很少

续表

准则层	准则层权重	指标	各指标权重	总权重	计算公式	打分备注（采用区间线性插值赋分）	优（8~10分）	良（6~8分）	中（4~6分）	差（2~4分）	劣（0~2分）
5. 水管理	0.117	5.3 国家部门参与程度	0.142	1.66%	通过政府网站、政府工作报告、公开文件和数据等进行数据获取	国家/地方部门参与程度可从以下指标量化赋分：①颁布政策数量和质量。②投入的资金和人力资源比例。③水资源监测和评估的频率和质量。④水资源保护和治理项目的数量和效果。⑤水资源利用效率的提升情况	很积极	比较积极	基本积极	比较不积极	很不积极
		5.4 地方部门参与程度	0.115	1.34%			很积极	比较积极	基本积极	比较不积极	很不积极
		5.5 公司、民众参与程度	0.12	1.40%	通过问卷调查、社交媒体、网络分析和参与度统计等方式进行数据获取	公众参与程度可从以下指标量化：①公众参与的渠道和机制。②参与人数和参与率，包括参加会议的人数，参与水资源管理和比例。③参与公众的素质和能力，包括公众对水资源管理和治理项目的人数和比例等方面。④参与水资源保护和环境保护方面，包括公众的认知水平、参与水资源管理和环境保护的能力和意愿等方面。④参与公众的满意度和反馈情况，包括公众对决策的认同度，满意度以及对决策结果的反馈情况等方面	很积极	比较积极	基本积极	比较不积极	很不积极

续表

准则层	准则层权重	指标	各指标权重	总权重	计算公式	打分备注（采用区间线性插值赋分）	优（8~10分）	良（6~8分）	中（4~6分）	差（2~4分）	劣（0~2分）
5. 水管理	0.117	5.6 监测与管理水平	0.173	2.02%	通过政府网站、政府工作报告、公开文件和年度评估等进行数据获取	监测与管理水平可以从以下指标、水质指标、水资源保护措施落实情况、水资源管理制度完善度等量化	很高	较高	一般	较低	很低
		5.7 融资与资金使用	0.126	1.48%	通过政府工作报告和预算信息、政府文件和项目资料进行数据获取	融资与资金使用可以从以下指标、资金使用效益、融资金额、资金使用效率、资金使用透明度等量化	很高	较高	一般	较低	很低
		5.8 跨流域水资源配置面积比例	0.106	1.25%	不同该流域之间调配水资源的比例，常以面积比例衡量	跨流域水资源配置面积比例为多少，则计为多少分。值越高越好	0.8~1	0.6~0.8	0.4~0.6	0.2~0.4	0~0.2
6. 水生态与河流廊道	0.098	6.1 浮游植物多样性指数	0.097	0.95%	Shannon多样性指数公式	浮游植物/动物的多样性指数越大，表示稳定性越好。通过采集样本，后使用Shannon	0.8~1	0.6~0.8	0.4~0.6	0.2~0.4	0~0.2
		6.2 浮游动物多样性指数	0.103	1.01%	指数公式	动植物进行分类，后使用多样性指数进行计算并直接赋分。值越高越好	0.8~1	0.6~0.8	0.4~0.6	0.2~0.4	0~0.2

续表

准则层	准则层权重	指标	各指标权重	总权重	计算公式	打分备注（采用区间线性插值赋分）	优（8~10分）	良（6~8分）	中（4~6分）	差（2~4分）	劣（0~2分）
6. 水生态与河流廊道	0.098	6.3 底栖动物指数	0.096	0.94%	BMWP指数	底栖动物指数越高，说明水体的生态状态和质量越高。通过采样和确定指标种类，使用BMWP指数进行计算并直接赋分。值越高越好	0.8~1	0.6~0.8	0.4~0.6	0.2~0.4	0~0.2
		6.4 鱼类生物损失指数	0.082	0.80%	评价年评估河段调查获得的鱼类种类数量/历史基点评估河段的鱼类种类数量	鱼类生物损失指数越高，说明水生态越好。值越高越好	>1.3	1.1~1.3	0.9~1.1	0.7~0.9	0.5~0.7
		6.5 大型水生植物覆盖度	0.121	1.18%	水生植物在水面上覆盖的面积/水体表面总面积	大型水生植物覆盖度为多少，则计为多少分。值越高越好	0.8~1	0.6~0.8	0.4~0.6	0.2~0.4	0~0.2
		6.6 通水河长	0.132	1.29%	通水河长/多年平均通水河长	通水河长越长则河流连通性越好。以研究区域多年平均值，可赋值：通水河长/多年平均通水河长。值越高越好	>1.3	1.1~1.3	0.9~1.1	0.7~0.9	0.5~0.7
		6.7 安全亲水河段占比	0.063	0.61%	安全亲水河段长度/总长度	安全亲水河段长占比为多少，则计为多少分。值越高越好	0.8~1	0.6~0.8	0.4~0.6	0.2~0.4	0~0.2

续表

准则层	准则层权重	指标	各指标权重	总权重	计算公式	打分备注（采用区间线性插值赋分）	优（8~10分）	良（6~8分）	中（4~6分）	差（2~4分）	劣（0~2分）
6. 水生态与河流廊道	0.098	6.8 区域水网结构连通度	0.124	1.21%	区域内水体间的距离和水力学特性等指标	采用水面率、河网密度、河频率、河道槽蓄量、节点连通率、边连通度、河网复杂度和河网发育系数构建指标体系，评估生态修复过程中水系连通程度演变	很高	较高	一般	较低	很低
		6.9 滩地及岸坡植被面积	0.089	0.87%	滩地及岸坡植被面积/多年平均滩地及岸坡植被面积	滩地及岸坡植被面积越大则河流周围生态环境越好。以研究区域多年平均标准，可赋值：滩地及岸坡植被面积/多年平均滩地及岸坡植被面积，值越高越好	>1.3	1.1~1.3	0.9~1.1	0.7~0.9	0.5~0.7
		6.10 典型河段纵向传递能力	0.031	0.30%	通过地表水和地下水模型进行分析	纵向通量变化采用一维水动力模型和地下水有限元模型模拟洪水脉冲作用下河流通量沿程变化，以此分析不同流量对河流廊道的改变情况。生态补水级水流跃变对潜流交换通量的影响范围、交换活跃路径区的分布等。同时，通过沿水流廊道的分布放射性同位素或使用热作为示踪剂的方法进一步实验与分析	很高	较高	一般	较低	很低

续表

准则层	准则层权重	指标	各指标权重	总权重	计算公式	打分备注（采用区间线性插值赋分）	优（8~10分）	良（6~8分）	中（4~6分）	差（2~4分）	劣（0~2分）
6. 水生态与河流廊道	0.098	6.11 典型河段横向输移能力	0.031	0.30%	通过遥感卫星图像分析	对于横向交换研究层面，重点模拟和关注有机物迁移和转化过程，并利用遥感卫星图像分析多年水补水作用下潜边岸边植被变化情况，用以同接反映横向潜流交换作用范围和强度	很高	较高	一般	较低	很低
		6.12 典型河段垂向交换能力	0.031	0.30%	通过地下水模型进行分析	在垂向交换研究方面，河流廊道与地下潜水层之间的水文通量交换采用 MODFLOW 进行有限元分析和计算，同时利用统计学的方法和流量-生物群模型来研究生态水补水对微生物群落的影响	很高	较高	一般	较低	很低

第5章 永定河流域概况与治理目标

永定河是首都北京的母亲河，是京津冀区域重要水源涵养区、生态屏障和生态廊道。20世纪80年代以来，永定河水资源过度开发、环境承载力差、水污染严重、河道干涸断流、生态系统严重退化、部分河段防洪能力不足等问题突出。近年来，流域落实《水污染防治行动计划》，提升重点流域水质优良比例和废水达标处理比例，加强重点水功能区和入河排污口监督监测等。尤其是2016年，为落实京津冀协同发展重大国家战略，在生态领域率先实现突破，国家发展改革委、水利部、原国家林业局联合组织编制并印发实施《永定河综合治理与生态修复总体方案》（简称《永定河方案》），对改善区域生态环境起到了重要的引领示范作用❶，同时也是在流域落实可持续发展理念的重要举措。

5.1 永定河流域概况

5.1.1 自然地理

1. 地理位置

永定河流域位于东经 $112°00'\sim117°45'$，北纬 $39°00'\sim41°20'$ 之

---

❶ 国家发展改革委、水利部、国家林业局. 永定河综合治理与生态修复总体方案. 北京，2016.

间，发源于内蒙古高原的南缘和山西高原的北部，东邻潮白、北运河系，西临黄河流域，南为大清河系，北为内陆河。流域地跨内蒙古、山西、河北、北京、天津等 5 个省（自治区、直辖市），面积 4.70 万 km^2。永定河流域行政区划见表 5.1。

表 5.1　　　　　　　永定河流域行政区划表

省级行政区	地级行政区	涉 及 区 县 名 称	个数	流域面积 /km^2
北京	—	延庆区、门头沟区、石景山区、房山区、丰台区、大兴区	6	3246
天津	—	北辰区、武清区、东丽区、宁河区、滨海新区	5	334
河北	张家口	桥东区、桥西区、下花园区、万全区、宣化区、崇礼区、尚义县、蔚县、阳原县、怀安县、怀来县、涿鹿县	12	19136
	廊坊	安次区、广阳区、固安县、永清县	4	
	保定	涿州市	1	
山西	大同	云州区、平城区、云冈区、广灵县、浑源县、天镇县、新荣区、阳高县、左云县、灵丘县	10	18635
	朔州	朔城区、平鲁区、山阴县、应县、右玉县、怀仁县	6	
	忻州	代县、宁武县、神池县、原平市	4	
内蒙古	乌兰察布	凉城县、察哈尔右翼前旗、丰镇市、兴和县	4	5666
合　　计			52	47017

2. 地形地貌

永定河流域上游是阴山和太行山支脉恒山所包围的高原，北部为蒙古高原，东南部为恒山及八达岭高原。永定河承接上源西南部桑干河、西北部洋河后，从官厅水库起穿越八达岭高原形成了官厅山峡，至三家店流入华北平原。三家店为永定河流域山区、平原分界，其中山区流域面积 4.51 万 km^2，占 95.8%，平原流域面积 $1953km^2$，占 4.2%。

永定河流域上游西南部的桑干河区域，西邻管涔山和洪涛山，南屏海拔 2000m 以上的恒山和太行山，平均高程约 1000.00m，分布有大同盆地、阳原-蔚县盆地，其中大同盆地面积 $5100km^2$，是山西面积最大的盆地。西北部的洋河区域，北接坝上高原内陆河流域，地势西北高东南低，在尚义区、张北县一带是坝上高原和坝下盆地的分界线，坝下山峦起伏，群山之间多串珠状山间盆地，较大的有柴沟堡-宣化盆地、涿鹿-怀来盆地。

3. 土壤植被

永定河流域内土壤主要有栗钙土、灰褐土、棕壤和潮土等种类。上游高原和山区黄土分布较广，土壤以栗钙土和灰褐土为主。山间盆地以半水成型的草甸土、盐成型的盐渍土以及岩成型的风沙土为主。平原冲积地区主要为潮土，间有褐土化潮土和盐化潮土。滨海地区则为氯化物盐渍土。

永定河流域植被划分为内蒙古高原温带草原区、华北山地暖温带落叶阔叶林区、平原暖温带落叶阔叶林栽培作物区三个区。流域天然植被大都遭到人为砍伐破坏，只有山区有少量自然植被分布。天然次生林主要分布在海拔 1000m 以上的山峰和山脉。燕山、太行山迎风坡存在年降水量 600mm 以上的弧形多雨带，植被生长良好，形成了一道绿色屏障。上游高原和山区地处燕山、太行山背风坡，受到山脉阻隔，降水量只有 400mm 左右，植被稀疏，生态脆弱。

4. 水文气象

永定河流域属温带大陆性季风气候，为半湿润、半干旱型气候过渡区。春季干旱，多风沙；夏季炎热，多暴雨；秋季凉爽，少降雨；冬季寒冷，较干燥。多年平均气温 6.9℃，最高 39℃，最低 −35℃。无霜期盆地区域 120～170 天、山区 100 天左右，封冻期达 4 个月以上。

永定河流域多年平均降水量在 360～650mm 之间，不同地区降水量差异颇大，多雨区和少雨区相差将近 1 倍。多雨中心沿军都山、西山分布，多年平均降水量为 650mm；阳原盆地和大同盆地降水量最少，多年平均降水量仅为 360mm。官厅以下到三家店间的多年平均降水量从 400mm 递增至 650mm。北京、天津两市及河北省平原区约 600mm。降水量年际变化大，少雨年和多雨年相差 2～3 倍，汛期（6—9 月）降水量占全年的 70％～80％。

永定河山区 1956—2019 年多年平均径流量 9.34 亿 m³，径流年内分布不均，年际间变化大。最大为 31.4 亿 m³（1956 年）、最小为 6.72 亿 m³（2007 年），最大年和最小年径流量比值为 4.67。

5. 河流水系

永定河上游有桑干河、洋河两大支流，于河北省张家口怀来县朱官屯汇合后称永定河，在官厅水库纳妫水河，经官厅山峡于三家店进入平原。三家店以下，两岸均靠堤防约束，卢沟桥至梁各庄段为地上河，梁各庄以下进入永定河泛区。永定河泛区下口屈家店以下为永定新河，在大张庄以下纳龙凤河、金钟河、潮白新河和蓟运河，于北塘入海。

桑干河是永定河主源，全长 390km，流域面积 2.48 万 km²，上源有恢河、源子河，两河在山西省朔州市马邑镇汇流后始称桑干河。桑干河流经山西省山阴、应县、大同、阳高以及河北省阳原、涿鹿等市县，沿线有口泉河、御河、壶流河等支流汇入。桑干河上建有东榆林水库、册田水库。

洋河全长 101km，流域面积约 1.55 万 km²，上源有东洋河、西洋河、南洋河等河流，在河北省怀安县柴沟堡附近汇合后称为洋河。洋河流经河北省张家口市怀安、万全、宣化、下花园、怀来等区县，沿线有清水河、盘肠河、龙洋河等支流汇入。东洋河上建有友谊水库。

永定河自河北省张家口怀来县朱官屯至天津市屈家店，长307km。永定河自朱官屯下行 17km 入官厅水库，库区纳妫水河，官厅水库至三家店为山峡段，长 109km，两岸有清水河、大西沟、湫河等十几条支流汇入。自三家店进入平原，以下两岸均靠堤防约束，流经北京市、河北省廊坊市，至天津市屈家店，长 146km，其中梁各庄至屈家店为永定河泛区段，长 67km。泛区段有天堂河、龙河汇入。

永定新河自天津市屈家店下至入海口，全长 62km。沿线有龙凤河、金钟河、北塘排水河、潮白新河、蓟运河等河流汇入，在北塘经防潮闸入渤海。

5.1.2　水利工程情况

1. 水库工程

官厅以上流域现有大型水库 3 座，分别为册田水库、友谊水库和官厅水库；中型水库 16 座，分别为文瀛湖水库、响水堡水库、西洋河水库、孤峰山水库、东榆林水库、薛家营水库、镇子梁水库、恒山水库、赵家窑水库、壶流河水库、斋堂水库等；小型水库

191 座。

（1）官厅水库。官厅水库坝址位于官厅山峡入口处，控制流域面积 43402km^2，占永定河流域总面积的 92.8%，是中华人民共和国成立后建成的第一座大型水库。官厅水库上游主要有发源于山西省宁武县的桑干河和发源于内蒙古自治区兴和县的洋河，以及发源于北京延庆县的妫水河三条支流，流经内蒙古自治区、山西省、河北省。

水库初建期于 1954 年 5 月竣工，总库容 22.7 亿 m^3。主要建筑物包括大坝、泄洪洞、溢洪道和水电站。官厅水库 1989 年大坝除险加固后，正常蓄水位为 479.0m（大沽高程），设计洪水位为 484.8m，总库容为 41.6 亿 m^3，兴利库容 2.5 亿 m^3，是防洪、灌溉、供水、发电等综合利用的水库。

（2）册田水库。册田水库是桑干河干流上的大型水库，位于大同市城区东南约 60km 处。1958 年 3 月开工兴建，1963 年一期工程完工，坝高 34.0m。1970 年开始二期工程，1976 年年底完工，大坝加高至 41.5m，长 1100m，为均质土坝。水库设施包括主坝、副坝、正常溢洪道、非常溢洪道、放水闸。

册田水库总库容 5.8 亿 m^3，兴利库容 0.92 亿 m^3，控制流域面积 16700km^2，约占官厅水库汇水面积的 39%。是一座集城市供水、防洪、灌溉、拦沙、水产养殖、休闲旅游等多功能于一体的大型水库。

（3）友谊水库。友谊水库是东洋河上的大型水库，位于河北张家口市尚义县与内蒙古兴和县交界处，总库容 1.16 亿 m^3，兴利库容 0.29 亿 m^3，控制流域面积 2250km^2，以防洪、灌溉为主，兼顾养鱼。1958 年开工，1963 年完成主体工程，1970 年续建，1973 年完工。由大坝、溢洪道、输水洞等建筑物组成。最大坝高 40m，坝顶高程 1200m，顶长 287m；溢流堰溢洪道设在大坝右岸，最大泄量 2384m³/s。水库防洪标准为 100 年一遇洪水设计，2000 年一遇洪水校核。

2. 外调水工程

官厅水库上游流域的外调水工程主要有引黄入晋北干线工程和白河堡水库调水工程。

（1）引黄入晋北干线工程。引黄入晋北干线工程是解决山西省大同、朔州等地区水资源短缺和生态恶化问题的大型跨流域调水工程，是引黄入晋的第二期工程。2009 年开工建设，2011 年主体工程建成，线路全长 164km，近期引水规模为 2.96 亿 m³。

（2）白河堡水库调水工程。白河堡水库调水工程是从白河堡水库调水，经妫水河流入至官厅水库。为向官厅水库补水，自白河堡水库修建输水隧洞，在输水隧洞的调节池修建长 7.3km、流量 20m³/s 的补水渠，下接妫水河流入官厅水库。白河堡调水工程最初确定为向官厅水库补水和农业灌溉，后增加向十三陵水库补水。2003 年起，将之作为北京城市水源，以向密云水库补水为主。白河堡 1984—2002 年累计向官厅输水量为 16.34 亿 m³。

3. 灌区工程

永定河流域上游大中型灌区 57 个，设计灌溉面积 411 万亩。近年来地表水灌溉的灌区有 52 个，设计灌溉面积 366.7 万亩，2017—2019 年平均实际灌溉面积 93.8 万亩，占总设计灌溉面积的 25.6%。

5.1.3　社会经济

永定河流域行政区划上分属北京、天津、河北、山西、内蒙古等 5 个省（自治区、直辖市），共涉及 52 个市、县、区，其中河北省涉及张家口、保定、廊坊 3 个地级市，山西省涉及忻州、朔州、大同 3 个地级市。

2020 年，流域总人口约 916.95 万，其中城镇人口 565.09 万，城镇化率为 62%，国内生产总值（GDP）5443.90 亿元，人均 5.32万元，工业增加值 1652.60 亿元，耕地面积 2212.91 万亩，有效灌溉面积 835.41 万亩。永定河流域主要社会经济指标统计情况见表 5.2。

表 5.2　　　　　　　永定河流域主要社会经济指标统计表

行政区	总人口/万人	城镇人口/万人	城镇化率/%	GDP/亿元	工业增加值/亿元	耕地面积/万亩	有效灌溉面积/万亩
北京	127.86	86.17	67	1260.00	359.14	82.45	39.30
天津	12.60	4.37	35	39.06	14.01	24.78	14.31
河北	295.24	168.16	57	2044.10	462.87	988.46	296.52
山西	444.83	284.25	64	1944.42	759.46	878.12	457.59
内蒙古	36.41	22.15	61	156.32	57.13	239.11	27.68
合计	916.95	565.09	62	5443.90	1652.60	2212.91	835.41

5.1.4　水资源量及开发利用现状

1. 水资源量

永定河山区 1956—2020 年年均水资源总量 25.10 亿 m^3，其中地表水资源量 10.36 亿 m^3。永定河山区水资源量特征值（1956—2020 年系列）见表 5.3。

表 5.3 永定河山区水资源量特征值 (1956—2020 年系列)

单位：亿 m³

资源量	多年平均	25%	50%	75%	95%
水资源总量	25.10	27.68	23.65	19.93	16.01
其中地表水资源量	10.36	11.92	9.20	7.81	5.69

永定河山区地表径流量呈减少趋势，2010—2020 年地表水资源量 8.57 亿 m³，与 1956—2020 年的 10.36 亿 m³ 相比减少了 17.3%。

2. 现状供用水

2020 年，永定河山区总供水量 19.73 亿 m³。其中，地表水供水量 8.76 亿 m³ (含引黄 0.71 亿 m³)、地下水供水量 9.69 亿 m³、非常规水供水量 1.28 亿 m³，分别占总供水量的 44.4%、49.1%、6.5%，如图 5.1 (a) 所示。永定河山区现状年供水情况见表 5.4。

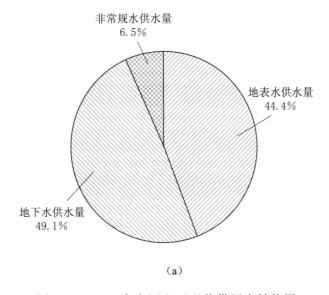

（a）

图 5.1 (一) 永定河山区现状供用水结构图

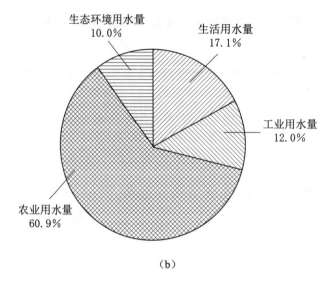

（b）

图 5.1（二）　永定河山区现状供用水结构图

永定河山区总用水量 19.73 亿 m³。其中，生活用水量 3.37 亿 m³、工业用水量 2.36 亿 m³、农业用水量（含林牧渔畜）12.02 亿 m³、生态环境用水量 1.97 亿 m³，分别占总用水量的 17.1％、12.0％、60.9％和 10.0％，供用水结构如图 5.1（b）所示。永定河山区现状年用水统计见表 5.5。

表 5.4　　　　　　　永定河山区现状年供水情况表　　　　单位：亿 m³

水资源三级区	省级行政区	地市级行政区	地表水		地下水	非常规水	合计
			小计	其中引黄水			
册田水库以上	山西	大同	2.03	0.42	1.48	0.53	4.04
		朔州	2.45	0.27	1.95	0.26	4.66
		忻州	0.07	0.02	0.04	0.02	0.13
	内蒙古	乌兰察布	0.03	0	0.28	0.06	0.37
	小　计		4.58	0.71	3.75	0.87	9.20

续表

水资源三级区	省级行政区	地市级行政区	地表水		地下水	非常规水	合计
			小计	其中引黄水			
册田水库至三家店区间	北京	北京	1.23	0	0.46	0.18	1.87
	河北	张家口	2.08	0	4.29	0.20	6.57
	山西	大同	0.83	0	0.87	0.02	1.72
	内蒙古	乌兰察布	0.04	0	0.32	0.01	0.36
小 计			4.18	0	5.94	0.41	10.53
合 计			8.76	0.71	9.69	1.28	19.73

表 5.5　　　　　永定河山区现状年用水统计表　　　　单位：亿 m³

水资源三级区	省级行政区	地市级行政区	城镇生活用水量		农村生活用水量	工业用水量	农业用水量		生态环境用水量	合计
			小计	其中居民用水量			小计	其中农田灌溉用水量		
册田水库以上	山西	大同	0.67	0.60	0.23	0.87	1.77	1.71	0.50	4.04
		朔州	0.41	0.32	0.14	0.68	3.30	3.06	0.13	4.66
		忻州	0.02	0.02	0.01	0.05	0.02	0.02	0.03	0.13
	内蒙古	乌兰察布	0.06	0.06	0.03	0.08	0.20	0.18	0	0.37
小 计			1.16	1.00	0.41	1.68	5.29	4.97	0.66	9.20

续表

水资源三级区	省级行政区	地市级行政区	城镇生活用水量		农村生活用水量	工业用水量	农业用水量		生态环境用水量	合计
			小计	其中居民用水量			小计	其中农田灌溉用水量		
册田水库至三家店区间	北京	北京	0.36	0.17	0.06	0.02	0.22	0.18	1.21	1.87
	河北	张家口	0.87	0.60	0.30	0.60	4.73	3.88	0.07	6.57
	山西	大同	0.10	0.07	0.07	0.03	1.50	1.46	0.02	1.72
	内蒙古	乌兰察布	0.03	0.03	0.01	0.03	0.28	0.23	0.01	0.36
	小计		1.36	0.87	0.44	0.68	6.73	5.75	1.31	10.53
合计			2.52	1.87	0.85	2.36	12.02	10.72	1.97	19.73

3. 供用水变化

2010—2020 年，永定河山区的供水量维持在 20 亿 m³ 左右，供水量最小为 2019 年的 19.24 亿 m³，最大为 2012 年的 21.32 亿 m³。其中，地表水供水量在 5.98 亿～8.76 亿 m³ 之间变化，地下水供水量在 9.69 亿～13.51 亿 m³ 之间变化，非常规水利用量逐年增加，从 0.54 亿 m³ 增加到 1.28 亿 m³。

2010—2020 年，永定河山区总用水量基本维持在 20 亿 m³ 左右。工农业用水总体呈逐渐减少趋势，农业用水从 13.88 亿 m³ 减少到 12.02 亿 m³，工业用水从 3.13 亿 m³ 减少到 2.36 亿 m³；生活及生态环境用水呈逐渐增加趋势，生活用水从 2.63 亿 m³ 增加到 3.37 亿 m³，生态环境用水从 0.21 亿 m³ 增加到 1.97 亿 m³。永定河山区 2010—2020 年供用水情况统计见表 5.6。

表 5.6　　　永定河山区 2010—2020 年供用水情况统计表　单位：亿 m³

年份	供水量					用水量				
	合计	地表水		地下水	非常规水	合计	生活	工业	农业	生态环境
		小计	其中引黄水							
2010	19.85	5.98	0	13.32	0.54	19.85	2.63	3.13	13.88	0.21
2011	21.14	7.17	0.08	13.17	0.80	21.14	2.77	3.39	14.48	0.51
2012	21.32	7.02	0.35	13.51	0.80	21.32	2.82	3.90	14.01	0.59
2013	21.25	7.18	0.47	12.87	1.20	21.25	3.03	3.83	13.62	0.77
2014	20.41	7.06	0.59	12.27	1.08	20.41	2.96	3.40	13.25	0.81
2015	20.00	7.61	0.59	11.64	0.75	20.00	3.03	3.03	13.28	0.66
2016	19.94	7.73	0.53	11.25	0.96	19.94	3.15	2.85	12.87	1.07
2017	19.62	7.58	0.83	11.03	1.01	19.62	3.15	2.70	12.94	0.83
2018	19.47	7.62	1.18	10.78	1.07	19.47	3.26	2.52	12.82	0.88
2019	19.24	7.68	0.91	10.41	1.15	19.24	3.40	2.44	12.42	0.98
2020	19.73	8.76	0.71	9.69	1.28	19.73	3.37	2.36	12.02	1.97
平均	20.18	7.40	0.57	11.81	0.97	20.18	3.05	3.05	13.24	0.84

4. 水资源开发利用程度

永定河山区 2010—2020 年平均水资源总量 23.60 亿 m³，当地供水总量 18.86 亿 m³（含向流域外北京市供水量），水资源开发利用率高达 80%。其中，地表水资源量 8.57 亿 m³，供水量 7.04 亿 m³，地表水开发利用率高达 82%。

5.2　永定河流域治理目标

5.2.1　水污染防治行动计划

2015 年 4 月，我国出台《水污染防治行动计划》，提出以下目标：到 2020 年，全国水环境质量得到阶段性改善，污染严重水体较大幅度减少，饮用水安全保障水平持续提升，地下水超采得到严格控制，地下水污染加剧趋势得到初步遏制，近岸海域环境质量稳中趋好，京津冀区域水生态环境状况有所好转。到 2030 年，力争全国水环境质量总体改善，水生态系统功能初步恢复。到 21 世纪中叶，生态环境质量全面改善，生态系统实现良性循环。

主要指标为：到 2020 年，海河流域等七大流域水质优良（达到或优于Ⅲ类）比例总体达到 70％以上，地级及以上城市建成区黑臭水体均控制在 10％以内，地级及以上城市集中式饮用水水源水质达到或优于Ⅲ类比例总体高于 93％。京津冀区域丧失使用功能（劣于Ⅴ类）的水体断面比例下降 15％。到 2030 年，全国七大重点流域水质优良比例总体达到 75％以上，城市建成区黑臭水体总体得到消除，城市集中式饮用水水源水质达到或优于Ⅲ类比例总体为 95％左右。

5.2.2　永定河方案

2015 年，中国国际工程咨询有限公司下属中咨海外咨询有限公司在系统研究永定河流域资源状况、生态问题等基础上，提出《将永定河流域综合治理上升为国家战略》的咨询建议，明确提出永定河流域综合治理市场化机制的基本构想和实施路径，获得中央领导的批阅，随后积极参与规划研究、永定河流域投资有限公司策划，实施科技永定河，以及项目前期综合性咨询和工程建设全过程咨询服务，创新提出流域治理模式和投融资模式。2015年4月，《京津冀协同发展规划纲要》提出对包括永定河在内的"六河五湖"进行全面综合治理与生态修复。2016年12月，国家发展改革委、水利部、原国家林业局联合印发了《永定河方案》。永定河综合治理与生态修复是以习近平生态文明思想为指引，加快推进京津冀协同发展在生态领域率先实现突破的战略部署，是以投资主体一体化带动流域治理一体化的创新实践。2018年6月，京津冀晋地区的人民政府和中交集团共同出资组建永定河流域投资有限公司，以投资主体一体化带动流域治理一体化，开启了永定河综合治理与生态修复的新篇章。

近年来，经过各方共同努力，永定河综合治理与生态修复取得明显成效，河道生态水量得到基本保障，永定河干流全线通水，河湖生态系统质量明显提升，水旱灾害防御能力稳步提高，数字永定河建设逐步推进，流域协同治理能力明显加强，流域治理"永定河模式"初步确立，取得了良好的生态效益和社会效益。

进入新发展阶段，永定河综合治理与生态修复面临新形势和新要求。党的十九届五中全会明确提出，加强重要生态廊道建设和保护，加大重点河湖保护和综合治理力度。国家"十四五"规划纲要的102项重大工程专栏中，明确提出"实施永定河综合治理"。为了巩固治理成果，提升治理水平，2021年永定河河综合治理与生态修复部省协调领导小组部署开展《永定河方案》中期评估和修编。

2022 年 9 月，国家发展改革委、水利部、国家林草局联合印发实施《永定河综合治理与生态修复总体方案（2022 年修编）》（简称《永定河方案（2022 年修编）》），作为指导永定河综合治理与生态修复工作的重要依据。

根据《永定河方案（2022 年修编）》，到 2025 年，基本建成永定河绿色生态河流廊道，主要目标如下：

（1）河流生态修复需水量得到基本保障。河道内外供用水结构进一步优化，地下水超采状况有效缓解。满足河道生态修复需水量 4.6 亿 m^3 目标，三家店以上山区河道实现全年流动，三家店以下平原河道实现全年有水、流动时间不少于三个月。

（2）河流水环境质量明显好转。与海河流域"十四五"水生态环境保护规划目标相衔接，国控断面水质达标率达到 100%，实现"清洁的河"治理目标。官厅水库、册田水库、友谊水库水质进一步改善。

（3）生态功能得到有效提升。结合国土空间规划，进一步落实绿色廊道空间管控。河道防护林和水源涵养林质量显著增强，河湖生境得到有效恢复，上下游生态通道基本贯通，生态系统质量和稳定性显著增强。

（4）防洪薄弱环节得到治理。永定河干流堤防全部达标，骨干河道得到整治，重要防洪保护目标防洪安全得到有效保障。

（5）协同治理能力进一步提高。构建流域统筹、区域协同、部门联动的管理格局，防洪、水资源统一调度进一步强化，河湖统一管理和水资源统一管理显著加强，市场化、公司化治理模式更加成熟、完善。

第6章 永定河流域治理措施落实情况及成效分析

6.1 永定河流域治理前状况

永定河流域在开展系统治理前，主要存在以下问题：

（1）水资源禀赋差，超载严重。永定河山区水资源总量26.61亿 m^3，人均水资源量276 m^3，仅为全国的9.8%。受气候及下垫面变化影响，水资源量呈明显衰减趋势，2001—2014年平均水资源总量21.02亿 m^3，与1956—2010年相比减少了21%。同时，随着经济社会的快速发展，地表水开发利用率达到89%，远超国际公认的40%合理开发利用红线；山区浅层地下水实际开采量占可开采量的94%，开采总量接近上限，山西大同、朔州、河北张（家口）宣（化）盆地的部分城市区域超采严重，超采量约1.4亿 m^3，永定河平原区北京市范围内地下水严重超采，累计超采量已达20亿 m^3。上游农业生产用水方式粗放，种植结构不尽合理，农业用水占总用水量的比例高达66%，亟须提高农业用水效率、调整农业结构，压减农业用水量。

（2）水环境承载能力低，污染严重。2014年，永定河京津冀晋地区水功能区主要污染物 COD、氨氮年均入河量分别超过纳污能力 1.5 倍、7.6 倍，41 个水功能区中只有 11 个达标，达标率仅 26.8%，水质为 V 类和劣 V 类的河长达 52% 以上。其中，桑干河、洋河部分支流水污染严重，官厅水库受到污染，1997 年后丧失了饮用水水源地功能。据分析，永定河大部分河段由于入河污染物尤其是面源污染缺乏有效控制，加之点源污染监控不够，常年超纳污能力排放，水质长期处于恶化状态。

（3）生态空间不足，功能退化。永定河上游水源涵养能力差，水土流失严重，仍有 1.5 万 km^2 需要治理；2014 年，森林覆盖率 20.8%，未达到全国平均水平 21.63%，且地区间差异较大，津冀两省均低于 20%，水源涵养能力未能得到稳定发挥；森林质量不高，单位面积蓄积量 $39.0m^3/hm^2$，与全国 $90.4m^3/hm^2$ 相差较远，中幼龄林比例为 79%，较全国平均水平的 65% 高出 14%，且局部存在部分退化林，森林生态效益未能充分发挥；流域内河湖、湿地率仅 2%，与全国平均水平的 5.6% 相比有较大差距。同时，生态用水被大量挤占，下游平原河道 1996 年后完全断流，平均干涸长度 140km，局部河段河床沙化，地下水位下降，地面沉降。2000 年后河口入海水量锐减，较多年平均减少了 97.5%。

（4）部分河段防洪能力不足，隐患犹存。永定河是全国四大重点防洪江河之一，其中永定河左堤是保卫北京防洪安全的西部防线，防洪任务十分重大。多年来，按照"上蓄、中疏、下排、适当地滞"的海河流域防洪治理方针，国家对永定河进行了多次整治，流域防洪工程体系初步形成，防洪标准基本达到百年一遇，但部分河段仍然存在防洪隐患，如山区河道堤防险工险段和主槽淤积，行洪能力降低；平原区部分河段堤防超高不足，超标准洪水通道受阻；永定河泛区安全设施不健全，周边洪水灾害风险较大，同时流域部分河道采砂影响河势稳定等。此外，永定河已多年未发生大洪水，现有防洪工程缺少洪水检验，防洪风险依然存在。

（5）区域协同管理能力薄弱，亟待加强。永定河管理以行政区域为主，但存在标准不统一、发展不协调问题。现有水资源利用、保护等方面的合作多以一事一议为主，尚未建立跨区域跨行业的议事协调机构，缺乏健全的流域生态环境保护协作机制、涉水联合执法机制和水生态补偿机制。流域水量、水质、水生态、森林、湿地监测站点虽有布设，但各自为政，部分监测内容重复建设，缺乏区域一体化的水生态环境监测信息共享平台和生态环境监测预警机制。流域水生态突发应急响应机制仍需进一步完善，亟需通过深化改革实现协同管理。

6.2　永定河流域治理措施落实情况

以张家口、大同和朔州为重点介绍社会经济取用水措施落实情况。

6.2.1　饮用水

1. 张家口

"十三五"期间，全市紧紧围绕"两不愁三保障"脱贫目标，对照水量、水质、取水方便程度、供水保证率四项饮水安全评价指标，逐户摸排，精准施策，做到不漏一人，不漏一户。五年来，以新建改造供水工程、完善配套设施、健全体制机制为重点，大力推进农村饮水安全巩固提升工程建设，实施饮水工程 2184 处，惠及 154.79 万人（其中贫困人口 38.28 万人），全市农村饮水安全"四项指标"全部达标，实现了让群众喝上"干净水、安全水、放心水"的目标。

2. 大同

持续实施农村饮水安全巩固提升工程，"十三五"期间，全市巩固提升了 1379 个村、116.09 万人农村饮水安全条件。按照省、市《关于打赢农村脱贫攻坚战》会议精神，完成了涉及 599 个贫困村、29.14 万贫困人口的饮水安全巩固提升工程。进一步解决大中型水库移民生活困难问题，实施了 7 个帮扶村水源、节水工程。重点加强了干旱问题突出的集中连片特困地区抗旱水源工程建设。

3. 朔州

"十三五"期间，全市累计巩固提升了 50.66 万人农村群众饮水安全条件，涉及贫困人口 2.65 万人，全市农村饮水安全得到保障。其中重点实施完成了平山右部分山区引黄供水工程，较好地解决了平鲁、山阴、右玉三个区县 161 个村、6.44 万人的资源性缺水问题。

6.2.2　水卫生

1. 张家口

张家口积极稳妥地推进农村厕所改造，同步开展农村问题厕所排查整改，建立健全农村厕所设备维修、粪污清掏、粪污无害化处理利用、公厕管护、运行监管"五项机制"。截至 2022 年年底，全市共计完成农村户厕改造 38.3 万座，共建设农村公厕 5000 余座。其中 2022 年，全市新建农村户厕 29877 座，改建农村户厕 6183 座，整改完成排查发现问题的 57663 座户厕和 1829 座公厕。

2. 大同

在充分考虑自然条件、风俗习惯和群众意愿基础上，注重模式创新、强化落实举措，逐步加大改厕力度，不断提升农村卫生厕所普及率，狠抓提升农村改厕质量和实效工作，全面推进农村"厕所革命"。

6.2.3 水环境

北京市推进饮用水源地规范化建设，组织开展水源地专项行动，清理整治环境问题。加强饮用水水源地监管，定期进行水质检测和信息公开。完成官厅水库八号桥水质净化湿地工程，建设表流湿地 110.8hm^2、单元式表流湿地 45.3hm^2，总绿化面积 136.9hm^2；完成官厅水库妫水河入库口水质净化湿地工程，建设湿地净化区面积 12.2hm^2，湿地附属区面积 6.8hm^2。通过城镇地区新建、改建再生水厂及污水管线，完善北京市中心城区再生水厂配套管网，完成小红门再生水向永定河生态补水工程，生态补水能力 7500 万 m^3/a；利用永定河河道内滩地配套建设完成南大荒、晓月净化工程，总面积 33hm^2，设计日净化处理水量 14 万 m^3。印发《农村生活污水处理设施水污染物排放标准》，因地制宜地开展农村地区污水治理。

天津市加大结构调整，高质量、绿色化转型。加大工业、农业结构调整力度，完成"十小企业"排查取缔，分类整治"散乱污"企业，持续推进工业企业高耗水工艺淘汰、清洁化生产改造。推进养殖结构、种植结构调整，划定畜禽养殖禁养区，依法关闭、搬迁畜禽养殖场和养殖专业户，持续推动高效节水灌溉，实施农药化肥零增长行动。严把源头环境准入关，新改扩建的工业项目一律进入工业园区,实现污水集中处理,且实施主要污染物倍量替代方案,实现增产不增污。

山西省高度重视监测监控能力建设,自建地表水跨界断面水质自动监测站,实现全流域跨县界水质自动监测站全覆盖,彻底厘清市县治污责任。同时突出"项目为王",自 2017 年起,针对重点河流、重点断面、重点区域城镇生活污水处理设施和工业集聚区污水处理设施的建设与改造,每年制定省级重点工程。

河北省统筹推进多源同治。在工业污染治理上,集中治理工业集聚区水污染;在城镇污染治理上,县级及以上工业园区全部完成污水集中处理设施建设;在农业农村污染治理上,减少化肥农药施用量,加强农村生活污水治理和管控,规模化畜禽养殖场粪污处理设施装备配套率达 100%,畜禽粪污综合利用率达 77.4% 以上。张家口市建设完成清洁小流域 31 条,新增水土流失治理面积 245.5km² ,通过非法取缔、规范化建设及合并入网等措施整治入河排污口 44 个。

6.2.4　水资源

1. 农业节水

张家口市在洋河灌区和洋河二灌区、大洋河灌区、小洋河灌区、民生渠洪塘河灌区、七一灌区实施节水综合改造工程;在蔚县、阳原县、万全区、怀来县、涿鹿县、怀安县和宣化区等区县实施地下水高效节水工程。

大同市在南郊区十里河灌区、大同县御河灌区、阳高县御河灌区、天镇县兰玉堡灌区和浑源县唐峪河灌区实施高效节水灌溉工程;在云州区实施地下水高效节水工程。

朔州市在应县大小石峪灌区实施节水综合改造工程；在山阴县桑干河灌区、怀仁县浑河灌区实施高效节水灌溉工程。

2. 生态水量配置

完成万家寨引黄总干线扩机工程，总干线引水能力由 $25.8m^3/s$ 提高到 $48m^3/s$，实施了朔州市引黄北干线 1 号洞出口下游补水河道综合治理，向永定河生态补水能力 $12.9m^3/s$；完成北京市南水北调中线向永定河生态补水工程，利用大宁水库调压池退水涵补水，生态补水能力 $10m^3/s$；实施北京市延庆区妫水河水系连通项目，完成冬奥会延庆赛区应急水源保障工程。

3. 地下水压采

大同市开展了册田水库引水更新改造工程（一期及二期）、文瀛湖-御河水源置换工程、天阳盆地地下水压采及水源置换工程，朔州市开展了引黄北干怀仁 1 号分水口庄头-西小寨水源置换工程、应县小石口水库供水工程、山阴县地下水压采及水源置换小羊村灌区改造工程。

6.2.5　水生态

6.2.5.1　河道及河岸带

1. 河道生态修复

到 2022 年年底，已完成永定河、桑干河、洋河及其主要支流恢复河岸带植被 $2108.9hm^2$、建设生态护岸 $192.3km$。

（1）桑干河。山西省朔州开展怀仁市、山阴县和应县段河道综合治理工程，完成河岸带植被恢复 $70.7hm^2$，新增湿地面积 $31.3hm^2$，完成生态护岸 $17.3km$；大同市开展大同县、阳高县段河道综合治理工程和固定桥生态蓄水工程，完成生态护岸 8.9km，恢复河岸带植被 385hm²，建设生态净化湿地 45hm²。河北省张家口市开展综合整治工程，修建生态护岸 42.1km。开展口泉河河道综合治理与生态修复工程，建设生态护岸 3.5km，恢复河岸带植被 11.6hm²，新增湿地面积 4.5hm²。开展恢复太平窑水库下游至东榆林水库库区段河道治理工程，建设生态护岸 16km，新增湿地面积 55hm²。开展太平窑水库和东榆林水库治理工程，分别恢复河岸带植被 21hm²、建设生态护岸 10km。御河开展综合整治工程，清淤 11.3km，建设生态护岸 32.4km，恢复河岸带植被 200.7hm²，新增湿地面积 20hm²。尚待协调开展综合治理与生态修复工程，建设生态护岸 19.1km，恢复河岸带植被 27.1hm²。

（2）洋河。河北省张家口市开展洋河综合整治工程，恢复河岸带植被 775hm²；开展清水河综合整治工程，完成清水河生态护岸 33.5km，恢复河岸带植被 32hm²。

（3）妫水河。北京市完成 2019 年北京世界园艺博览会和 2022 年冬季奥林匹克运动会相关河段生态清淤 12km，更换橡胶坝坝袋 1 座，维持生态水面 310hm²；新建潜流湿地 22.9hm²，完善北线循环明渠输水段，建设妫水河河口湿地 8hm²。

（4）永定河山峡段。北京市开展晓月生态修复工程，恢复河岸带植被 8.9hm²，开展山峡段综合治理与生态修复工程，在落坡岭水库以下，建设生态护岸 5.2km，恢复河岸带植被 59.2hm²，新增湿地面积 85.7hm²。

（5）永定河平原段。北京市开展平原南段综合治理与生态修复一期工程，建设生态补水主槽 37.3km、生态溪流疏挖 3.7km、生态护岸 4.3km，绿化生态修复及景观工程 175hm²。天津市武清区开展综合治理与生态修复工程，治理河道主槽 22.1km，恢复河岸带植被 139.2hm²，建设水质净化湿地 2 处，面积 30.4hm²；北辰区完成河槽整治 3.6km，恢复河岸带植被 49.3hm²，新增湿地面积 11.3hm²。河北省廊坊市开展固安段综合治理工程，恢复河岸带植被 84hm²；开展永定河大兴国际机场段生态治理工程，完成 5 个湖面绿化工程，恢复河岸带植被 26hm²。龙河广阳段开展综合治理与生态修复工程，恢复河岸带植被 6.4hm²。

2. 河道防护林建设

通过造林、现有林管护等措施，完成新建防护林面积 1.6 万 hm²，河道防护林面积增加至 3.22 万 hm²。其中，北京市通过河岸景观林改造工程、永定河外围绿化建设工程新建河道防护林 2678hm²；天津新建河道防护林 1620hm²；河北省通过京津风沙源治理工程、造林绿化项目完成河道防护林 3105hm²；山西省通过永定河综合治理与生态修复项目、桑干河清河行动沿河道路绿化工程新建河道防护林 8594hm²。

3. 河道湿地公园建设

通过湿地生态保育、滨水景观带建设、鸟类栖息地恢复、配套基础设施建设等措施，新建河北阳原桑干河国家湿地公园、山西怀仁口泉河国家湿地公园，湿地保护面积逐步扩大。对北京市延庆区野鸭湖湿地公园、天津武清永定河故道国家湿地公园、河北涿鹿桑干河国家湿地公园等湿地公园实施保护与修复工程。

6.2.5.2 水源涵养与生态

1. 水源涵养林建设

永定河流域完成新增水源涵养林面积 6.65 万 hm²，完成封山育林面积 1.48 万 hm^2，流域森林覆盖率由 20.8％提高至 28％，水源涵养、水土保持等生态功能得到稳步提升。其中北京市通过京津风沙源治理工程、山坡台地项目完成水源涵养林 0.74 万 hm^2，河北省通过京津风沙源治理工程、国储林项目、京冀生态水源保护林项目完成人工造林 3.82 万 hm^2、封山育林 1.07 万 hm^2，山西省通过京津风沙源治理工程、三北防护林工程、环京津冀生态屏障工程、天然林保护工程、交通沿线荒山工程完成人工造林 2.09 万 hm^2、封山育林 0.41 万 hm^2。

2. 森林质量精准提升

永定河流域通过林种改造、抚育间伐、退化林修复等措施，完成森林质量精准提升面积 6.88 万 hm^2，中幼龄林比例降至 30.6％，森林生态系统得到进一步修复。其中，北京通过森林健康经营林木抚育项目、国家重点公益林管护项目、京津风沙源治理二期工程、河岸景观林改造提升工程等完成森林质量提升面积 2.88 万 hm^2；河北通过造林绿化项目、国储林项目完成森林质量精准提升 3.43 万 hm^2（其中林种改造 1.35 万 hm^2，退化林修复 2.08 万 hm^2）；山西通过退化林修复工程、三北防护林工程完成森林质量精准提升 0.57 万 hm^2。

3. 自然保护区建设

通过植被恢复、野生动植物栖息地保护、封育围栏建设及其他配套基础设施建设等措施，对北京市延庆野鸭湖自然保护区、河北省黄羊滩自然保护区以及山西省桑干河、壶流河湿地自然保护区等 4 处省级自然保护区进行保护与修复，完善永定河自然保护区体系，促进区域生物多样性保护。

4. 森林公园建设

通过植被恢复、鸟类栖息地建设及服务设施建设等措施，新建北京市房山长阳滨水森林公园、石景山首钢遗址公园、大兴永定河滨水郊野森林公园和丰台区北天堂滨水郊野森林公园等 4 处公园，总面积 3547hm^2；改造河北省张家口黄羊山国家森林公园和石佛山省级森林公园，新增营造林 600hm^2，有效保护永定河森林资源，提升永定河生态、宣教和休闲功能。

6.2.6　水管理

6.2.6.1　强化流域水资源统一管理

1. 落实最严格的水资源管理制度

京津冀晋地区严守水资源开发利用总量、用水效率、水功能区限制纳污总量"三条红线"，分别出台实行最严格水资源管理制度考核办法，选取用水总量、地下水用水量、新水用量、再生水用量、万元地区生产总值用水量下降率、节水灌溉工程面积、灌溉水利用系数、水功能区达标率等指标作为考核指标。

2. 实施流域生态水量统一调度

2018 年 12 月，水利部海河水利委员会、京津冀晋地区水利（水务）厅（局）及永定河流域投资有限公司共同签署了《永定河生态用水保障合作协议》，明确了各方责任、各断面交接水量水质要求、运行水价等事宜。

2017 年起，水利部海河水利委员会通过永定河上游地区水资源优化配置加大了桑干河、洋河向官厅水库集中输水力度，2019 年启动实施万家寨引黄北干线向永定河生态补水工作，2021 年启动实施南水北调中线向永定河生态补水工作；制定年度生态水量调度方案并组织实施，完成省界断面水量、输水效率考核等工作。

6.2.6.2　加强河湖空间用途管控

1. 科学划定河湖管理范围

北京市出台《永定河市管段管理保护范围调整划定方案》《永定河水域空间管控规划》等文件；河北省张家口市根据《河北省河湖管理范围复核及划定技术指南》《关于扎实做好河湖管理范围复核及划定工作的通知》，制定永定河、桑干河、洋河管理范围复核及划定方案；山西省朔州市、大同市根据《山西省河长制办公室关于开展河湖和水库工程管理范围划界工作的通知》《山西省河湖和水库工程管理范围划界技术规定（试行）》，划定桑干河及其支流河道管理范围。

2. 加强河湖空间用途管控

水利部印发《海河流域重要河道岸线保护与利用规划》，对永定河朱官屯至屈家店段、永定新河河口段岸线边界线管控提出要求，并划定岸线功能区。京津冀晋地区出台生态保护红线划定方案、"三线一单"生态环境分区管控的意见等文件，科学划定生态保护红线。

《永定河方案》实施以来，永定河流域已建立了完善的河湖长制体系，干流、支流和重要水库分级分段设置省、市、县、乡镇四级河长 456 名，村级河长 1200 余名，实现了河湖水域河长全覆盖，构建了责任明确、协调有序、监管严格、保护有力的河湖管理保护机制。

6.2.6.3　推进水权和林权制度改革

1. 建立水权交易制度

水利部海河水利委员会、京津冀晋地区及永定河流域投资有限公司签订《永定河生态用水保障合作协议》提出交易形式、交易价格、结算方式等相关内容，初步确立了区域间水权转让交易的制度框架。永定河流域投资有限公司先后签订山西省镇子梁水库和河北省洋河水库的水资源经营权转让协议，协议提出交易范围、价格等内容，逐步探索流域水资源经营权交易制度。

2. 深化林权改革

永定河流域国家所有的林业资源产权明晰，流域自然保护区、湿地公园、森林公园及国有林场基本建立了由国家所有、省级人民政府行使所有权并承担主体责任、地市级人民政府分级管理的体制。流域集体所有的林业资源产权得到进一步强化和明确，稳定了承包权、放活了经营权。下一步，将继续对接第三次全国国土调查成果，按照国家自然资源部门安排，对流域林业资源产权进行进一步清查、登记。

6.2.6.4　完善流域协同治理机制

1. 建立区域互动合作机制

2017 年 3 月，部省协调领导小组办公室成立，统筹研究和协调解决方案实施过程中的重大问题；北京市、天津市等沿线城市相继成立领导小组办公室，承担辖区内日常联络和协调工作，改变了原有分散治理、分头管理方式，建立了从部省到地方四级协调领导机制。

京津冀联防联控机制初步建立。京津冀地区联合印发了《京津冀河（湖）长制协调联动机制》《2019—2020 年京津冀生态环境执法联动重点工作》，签订了《京津冀水污染突发事件联防联控机制合作协议》，京冀两地政府共同划定官厅水库水源保护区，进一步加强官厅水库水源保护,保障用水安全。

按照"谁受益、谁补偿"的原则,流域公司牵头编制《永定河流域横向水生态补偿实施方案》,明确考核指标、补偿标准和补偿方式,探索流域上下游受益地区与生态保护地区之间的横向生态补偿,多次征求流域机构及相关省市意见,正在进一步积极推进协议签订工作。

2. 充分发挥流域机构作用

水利部海河水利委员会充分发挥流域机构作用,积极推进永定河流域综合治理、生态水量统一调度与管理有关工作,制定年度调度方案,组织集中输水和生态补水,并监督考核生态水量下泄情况,督促检查建设项目进展和质量,评估并通报永定河方案实施情况;严格省市边界河道治理技术复核,强化边界河道项目设计统筹。

按照"一个防洪体系、一套河流桩号、一个高程系统、一条水面线"的原则,水利部海河水利委员会组织永定河流域投资有限公司编制印发《永定河卢沟桥至屈家店河道主要设计条件的报告》,对主要设计条件进行技术整合,形成了国内第一个由流域公司编制、流域机构批复、跨省市治理的技术指导文件。

3. 推行公司化运作模式

利用永定河流域投资有限公司探索政府与市场两手发力的流域治理新模式。永定河流域投资有限公司统筹管理财政性资金,以市场化方式组织项目实施,推动流域综合治理与生态修复实现投资主体多元化、资源资产化、资产资本化、资本证券化,受托经营管理流域内有关工程和资产及各类资源的综合利用与开发。流域公司组建以来,政企合作不断深化,探索和实践了以投资主体一体化带动流域治理一体化，政府与市场有机结合、两手发力的流域协同治理机制。

6.2.6.5　省市推进水污染防治行动计划

1. 北京市

北京市成立市委生态文明建设委员会，出台《关于全面加强生态环境保护坚决打好北京市污染防治攻坚战的意见》，印发《北京市生态环境保护工作职责分工规定》，建立了"横向到边、纵向到底"的生态环境保护责任体系，深入落实"河长制""湖长制"建立覆盖乡镇（街道）的水环境监测、评价和排名体系，以及区级、乡镇级水环境区域补偿制度，强化市级生态环境保护督查，构建形成"党委领导、政府主导、企业主体、公众参与"的治理格局。

2. 天津市

加强组织领导、高层级、大格局攻坚。天津市以水生态环境质量改善为核心，紧抓污染减排和生态扩容两条主线，实施控源、治污、扩容、严管四大举措，"一河一策"系统治理，水生态环境质量不断改善。同时，全市成立了生态环境保护委员会、污染防治攻坚战指挥部和河（湖）长制工作领导小组。全市先后发布实施了水污染防治实施方案，打好碧水保卫战作战计划，入海河流"一河一策"。为压实责任，把入海河流消劣指标分解到各区、各街道，把任务措施落实到具体工程、具体项目，每月召开调度会，相继开展市级生态环境保护督察及"回头看"，对水环境质量改善不力、责任落实不好的部门、地区或领导干部，严肃追责问责。全市形成"党政同责、一岗双责、齐抓共管"的污染防治攻坚格局。

坚持多措严管，制度化、长效化攻坚。深化管理制度改革创新，打好严管"组合拳"。强化考核督查，全面落实河长制，构建了市、区、乡镇（街道）、村四级河长责任体系。完善水质监测网络，建成国考、市考断面监测网络，定期检测考核。实施经济奖惩，构建流域水环境"五个一"管理体系，做到日预警、月排名通报、月奖惩、月会商、月公开，创新实施每月水环境区域补偿，实行"靠后区"补偿"排前区"，倒逼上下游各区共同护河治河。

加强法治保障，法治化、标准化攻坚。强化法治约束，制（修）订《天津市生态环境保护条例》《天津市水污染防治条例》等多部地方性法规，开展水污染防治"一法一条例"评估，形成法治刚性约束。颁布实施《城镇污水处理厂污染物排放标准》《污水综合排放标准》等地方标准，大幅度收紧污染物排放限制。坚持铁腕执法，与公安建立联动执法机制，逐步形成一支队伍、一套机制和一体执法的格局，有效震慑了污染环境违法行为。

3. 河北省

河北省高度重视水生态环境保护工作，紧密围绕《水污染防治行动计划》，落实省委、省政府印发的《河北省水污染防治工作方案》及其实施意见等一系列政策文件，构建以《水污染防治行动计划》为纲领、以考核排名为"指挥棒"、以跨界生态补偿为"杠杆"的水生态环境保护政策体系，着力开展工业废水达标整治、河流湖库流域综合治理、水源地保护、城镇污水和黑臭水体治理、农业农村污染治理、河湖清理专项行动。

健全环境监管机制。建立地表水通报排名机制，率先在全国以省委办公厅、省政府办公厅印发实施《河北省城市地表水环境质量达标情况通报排名和奖惩问责办法（试行）》。完善通报预警和约谈问责机制，坚持日调度、月通报、季约谈，对水质达标和重点工作滞后的城市和县区进行公开约谈、区域限批。构建全方位、多层级水环境监测体系。

4. 山西省

山西省委、省政府坚持以习近平生态文明思想为指导，凝聚全省力量，大力开展水污染治理攻坚行动。

坚持高位推进，压实治理责任。山西省委、省政府始终高度重视水污染治理工作，认真贯彻落实习近平总书记重要讲话精神，省级河长深入一线，靠前指挥，实地督导解决问题，各级河长严格履职，各部门合力攻坚，山西省"大生态、大环保"工作格局初步形成，由"政府统筹、部门配合、企业履责、社会共治、全民参与"的生态环境保护新格局已然形成。

坚持依法治污，夯实顶层设计。针对水污染防治的严峻形势，坚持立法治污，制定实施《山西省水污染防治条例》，制定《污水综合排放标准》《农村生活污水处理设施水污染物排放标准》《山西省地表水环境功能区划》等山西省地方标准，更好地适应了全省水环境治理要求。

6.3　永定河流域治理措施成效

6.3.1　总体情况

1. 生态水量统一调度效果显著

通过完善流域水资源配置工程体系，打通引黄北干线向永定河生态补水通道，完成南水北调中线、小红门再生水向永定河生态补水工程，初步建成永定河生态水网体系，完善了首都供水安全保障格局。通过不断强化流域生态水量统一调度，实现当地水、再生水、引黄水和引江水"四水统筹"，官厅、册田、友谊、东榆林、洋河、镇子梁和壶流河水库"七库联调"，2017—2022年累计向永定河生态补水31.22亿m^3，其中，向官厅水库以上河道生态补水15.44亿m^3，向官厅水库以下平原河道生态补水15.78亿m^3，桑干河册田水库、石匣里，洋河响水堡，永定河官厅水库等重点控制断面生态水量满足度均超过100％。2021年实现26年来首次865km河道全线通水入海，2022年实现春季和秋季2次全线通水，有效保障了北京冬季奥林匹克运动会、冬季残疾人奥林匹克运动会生态用水需求，阶段性完成"流动的河"目标。

2. 河湖生态系统质量明显改善

通过"治理、恢复、涵养、提升"，山水林田湖草沙综合治理、系统治理、源头治理，河湖生态系统质量明显改善。水源涵养能力明显增强，上游地区新增水源涵养林面积6.65万hm^2，中度及以上水土流失面积由5699km²减少至821km²，河道防护林面积达到3.2万hm^2，河滩地植被覆盖率提高至28.7％，流域森林覆盖率由20.8％提高到28％，生态安全屏障逐步稳固。地下水位明显回升，上游大同朔州地区累计压采地下水1.04亿m^3，平原地下水位较2017年初平均回升3.4m，生态补水期间河道10km内地下水位平均回升0.83m。河流水质明显改善，全线通水河长由612km增加到865km，Ⅲ类及以上水质河长由34％增加到95％，劣Ⅴ类河长基本消除。生物多样性显著提高，累计调查发现高等植物427种，浮游植物424种，浮游动物269种，底栖动物274种，鱼类51种，官厅水库、桑干河等生态敏感区鸟类达到 360 余种，湿地鸟类种群数量逐年增加，黑鹳、丹顶鹤等多种珍稀鸟类重现永定河。国家级、省级湿地公园达到 19 个。"绿色的河""清洁的河"建设效果明显，绿色生态河流廊道初步建成。

3. 水旱灾害防御能力稳步提高

按照永定河下游 100 年一遇、桑干河 10 年一遇（重点河段按 20 年一遇）、洋河 20 年一遇防洪标准，开展永定河及桑干河、洋河防洪薄弱环节治理，加高加固堤防 364km，永定河干流堤防达标率提高到 99.7%，永定河及重要支流防洪工程体系逐步完善，防洪安全隐患逐步排除。按 50 年一遇蓄洪标准，新建大兴国际机场滞洪工程（一期），可滞洪量约 330 万 m^3。6 年来"安全的河"目标建设稳步推进，有效保障了流域大中城市、国家重大基础设施及新机场临空经济区防洪排涝安全。

6.3.2　饮用水

饮用水评价指标包括农村自来水普及率、供水价格。

（1）农村自来水普及率。"十三五"期间，流域内通过新建改造供水工程、完善配套设施等工作开展，农村自来水普及率由 84.7% 提高至 91.5%，使农村饮水安全得到保障。

（2）供水价格。受水资源紧缺影响，为进一步强化节水，"十三五"流域内张家口地实施了阶梯水价政策，且提高了供水价格，居民生活用水由单一的 2.70 元/m^3 变为第一阶梯 3.15 元/m^3。流域朔州、大同也实施阶梯水价，其第一阶梯价格分别为 2 元/m^3 和 1.8 元/m^3。相对国内其他省市，价格偏低。

6.3.3 水卫生

水卫生评价指标为农村卫生厕所普及率。"十三五"期间，流域内各省市积极推进农村厕所改造，新建改建户厕、公厕，并排查整改问题，农村卫生厕所普及率由25.0%提高至61.3%。

6.3.4 水环境

水环境评价指标包括河流水质、国控断面达标率和重要水库营养状态。河流水质根据国控断面代表河长，分析各类水质长度及占比；国控断面达标率为达标断面个数占断面总数的百分比。

地表水水质类别评价采用单因子评价法，即根据该断面参评的指标年均值中类别最高的一项来确定。水质评价指标为《地表水环境质量标准》（GB 3838—2002）中地表水环境质量标准基本项目除水温、粪大肠菌群以外的22项指标。

水源地营养状态评价根据《地表水资源质量评价技术规程》，分为贫营养、中营养和富营养三个等级，评价标准见表6.1。评价方法将表中参数浓度值转换为评分值，监测值处于表列值两者中间者

表6.1　　　　　　　水源地营养状态评价标准　　　单位：mg/L

营养状态	指数	总磷（以P计）	总氮（以N计）	叶绿素a	高锰酸盐指数	透明度/m
贫营养	10	0.001	0.02	0.005	0.15	10
	20	0.004	0.05	0.001	0.4	5.0
中营养	30	0.01	0.1	0.002	1.0	3.0
	40	0.025	0.3	0.004	2.0	1.5
	50	0.05	0.5	0.01	4.0	1.0

营养状态	指数	总磷 （以 P 计）	总氮 （以 N 计）	叶绿素 a	高锰酸盐 指数	透明度 /m
	60	0.10	1.0	0.026	8.0	0.5
	70	0.20	2.0	0.064	10	0.4
富营养	80	0.60	6.0	0.16	25	0.3
	90	0.90	9.0	0.40	40	0.2
	100	1.3	16.0	1.0	60	0.12

可采用相邻点内插；几个评价项目评分值取平均值；用求得的平均值再查表得到营养状态等级。营养状态等级判别方法：0≤指数≤20，贫营养；20＜指数≤50，中营养；50＜指数≤60，轻度富营养；60＜指数≤80，中度富营养；80＜指数≤100，重度富营养。

1. 河流水质

2022 年，永定河流域水质国控断面共计 32 个，水质评价河长 1688.9km。全年Ⅲ类水质及以上河长 1604.9km，占评价河长 95%，Ⅳ类水质河长 84km，占评价河长 5%，超Ⅲ类水质主要指标为 COD、BOD_5 等。

与 2016 年相比，2022 年全年Ⅲ类水质及以上河长占比由 34% 上升至 95%，劣Ⅴ类水质河长基本消除。2016—2022 年永定河各河流水质逐步得到改善，如图 6.1 所示。

2. 国控断面达标率

2022 年，流域 32 个断面评价中，31 个达到水质目标，达标率为 96.9%，达标河长 1498.2km，占评价河长的 91.8%，主要超标指标为 COD。和 2016 年相比，达标率提高 51 个百分点。见表 6.2 和图 6.2。

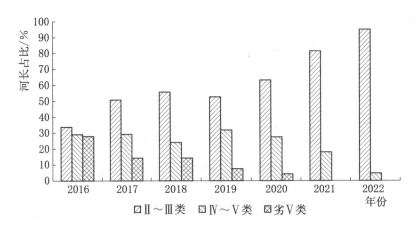

图 6.1　2016—2022 年流域河流水质类型分布图

表 6.2　　　　　　2022 年流域国控断面水质达标统计表

河流/考核地区	国控断面个数	达 标 状 况		
		达标个数	不达标个数	达标率/%
桑干河	14	14	0	100
洋河	7	7	0	100
永定河	9	8	1	88.9
永定新河	2	2	0	100
合计	32	31	1	96.9
北京	6	5	1	83.3
天津	2	2	0	100
河北，北京	1	1	0	100
河北	10	10	0	100
山西	10	10	0	100
内蒙古	3	3	0	100

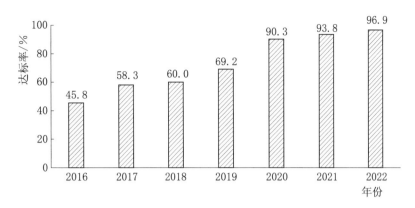

图 6.2　2016—2022 年流域国控断面达标变化

3. 重点水库营养状态

2022 年，官厅水库、册田水库和友谊水库等重要水源地中，友谊水库和册田水库水质为Ⅲ类，官厅水库受氟化物影响，水质为Ⅳ类。官厅水库处于中营养状态，册田水库和友谊水库处于轻度富营养状态。

与 2016 年相比，2022 年册田水库水质改善，营养化指数降低，由中度富营养状态转为轻度富营养状态；友谊水库受总氮浓度影响，营养化指数略有升高；官厅水库变化不大。见表 6.3。

表 6.3　2020—2022 年重点水库水质及营养状态变化情况

评价项目	年份	官厅水库	册田水库	友谊水库
水质类别	2016	Ⅳ	劣Ⅴ	Ⅲ
	2020	Ⅳ	Ⅳ	Ⅳ
	2021	Ⅳ	Ⅳ	Ⅲ
	2022	Ⅳ	Ⅲ	Ⅲ
营养化指数 EI	2016	45.4	73	53.3
	2020	50.1	58.9	61

评价项目	年份	官厅水库	册田水库	友谊水库
营养化指数 EI	2021	46.9	58.6	56.1
	2022	46.2	55.0	56.9
营养状况	2016	中营养	中度富营养	轻度富营养
	2020	轻度富营养	轻度富营养	中度富营养
	2021	中营养	轻度富营养	轻度富营养
	2022	中营养	轻度富营养	轻度富营养

6.3.5　水资源

6.3.5.1　农业节水

农业节水指标主要包括新增农业节水能力、新增农业节水灌溉面积和亩均引水量。

1. 新增农业节水能力与灌溉面积

截至 2022 年年底，官厅水库上游通过开展灌区节水综合改造工程和高效节水灌溉工程，新增节水灌溉面积 43.7 万亩，累计新增节水能力 5361.6 万 m^3。

张家口市在洋河灌区和洋河二灌区、大洋河灌区、小洋河灌区、民生渠洪塘河灌区、七一灌区实施节水综合改造工程，新增节水灌溉面积 17.7 万亩，新增节水能力 3173.5 万 m^3；在蔚县、阳原县、万全区、怀来县、涿鹿县、怀安县和宣化区等区县实施地下水高效节水工程，新增节水灌溉面积 12.1 万亩，新增节水能力 942.5 万 m^3。共计完成新增节水能力 4116 万 m^3。

大同市在南郊区十里河灌区、大同县御河灌区、阳高县御河灌区、天镇县兰玉堡灌区和浑源县唐峪河灌区实施高效节水灌溉工程，新增节水灌溉面积 7.1 万亩，新增节水能力 571.2 万 m³；在云州区实施地下水高效节水工程，新增节水灌溉面积 0.7 万亩，新增节水能力 57.9 万 m³。共计完成新增节水能力 629.1 万 m³。

朔州市在应县大小石峪灌区实施节水综合改造工程，新增节水灌溉面积 1.1 万亩，新增节水能力 166 万 m³；在山阴县桑干河灌区、怀仁县浑河灌区实施高效节水灌溉工程，新增节水灌溉面积 5.7 万亩，新增节水能力 450.5 万 m³。共计完成新增节水能力 616.5 万 m³。农业节水项目新增节水能力目标完成情况统计见表 6.4。

表 6.4　农业节水项目新增节水能力目标完成情况统计表

节水工程类型	年份	建设内容						新增节水能力/万 m³
		渠系改造/km	喷灌/万亩	微灌/万亩	管灌/万亩	其他类型/万亩	总节水灌溉面积/万亩	
河北省灌区节水综合改造工程	2017—2022	416.6	0.3	0	0.4	17	17.7	3173.5
	2022	186.2	0.2	0	0.4	8.6	9.2	1293.7
河北省高效节水灌溉工程	2017—2022	213.5	0	0.5	8	3.6	12.1	942.5
	2022	0	0	0.5	0	0	0.5	51
河北省合计	2017—2022	630.1	0.3	0.5	8.4	20.6	29.8	4116
	2022	186.2	0.2	0.5	0.4	8.6	9.7	1344.7
大同市高效节水灌溉工程	2017—2022	0	5.8	1.3	0	0	7.1	629.1
	2022	0	0	0.7	0	0	0.7	57.9

续表

节水工程类型	年份	建 设 内 容						新增节水能力/万 m³
		渠系改造/km	喷灌/万亩	微灌/万亩	管灌/万亩	其他类型/万亩	总节水灌溉面积/万亩	
朔州市高效节水灌溉工程	2017—2022	0	5.7	0	0	0	5.7	450.5
	2022	0	0	0	0	0	0	0
朔州市灌区节水综合改造工程	2017—2022	0	0	0	1.1	0	1.1	166
	2022	0	0	0	1.1	0	1.1	166
山西省合计	2017—2022	0	11.5	1.3	1.1	0	13.9	1245.6
	2022	0	0	0.7	1.1	0	1.8	223.9
总计	2017—2022	630.1	11.8	1.8	9.5	20.6	43.7	5361.6
	2022	186.2	0.2	1.2	1.5	8.6	11.5	1568.6

2. 农业亩均引水量

本次评估重点调查了《永定河方案》《永定河方案（2022 年修编）》中河北省灌区节水综合改造（地表水灌区，不包括纯井灌区和井渠双灌区）和山西省高效节水工程（井渠双灌灌区）涉及的 20 个灌区节水情况，其中张家口市 12 个、大同市 5 个、朔州市 3 个。

2017 年调查 20 个灌区实际灌溉面积 56.3 万亩，地表水用水量 1.7 亿 m³，地下水用水量 0.1 亿 m³，总用水量 1.8 亿 m³，亩均用水量 328.7m³。灌溉用水情况见表 6.5。

表 6.5　　　　2017 年 20 个灌区农业灌溉用水情况统计表

地区	实际灌溉面积/万亩	用水量/万 m³			亩均用水量/(m³/亩)
		总计	地表水	地下水	
张家口市	38.7	15499.4	15499.4	—	400.7
大同市	6.5	1073.9	627.5	446.4	165.2
朔州市	11.1	1911.0	1046.0	865.0	172.9
总计	56.3	18484.3	17172.9	1311.4	328.7

2022 年调查 20 个灌区实际灌溉面积 44.9 万亩，地表水用水量 9417.4 万 m³，地下水用水量 497.2 万 m³，总用水量 9914.7 万 m³，亩均用水量 221m³。张家口市 12 个灌区地表水灌溉面积 30.9 万亩，用水量 8431.0 万 m³，亩均用水量 272.5m³，较 2017 年减少 128.2m³；大同市 5 个灌区总灌溉面积 8.8 万亩，用水量 1165.7 万 m³，亩均用水量 132.7m³，较 2017 年减少 32.5m³；朔州市总灌溉面积 5.1 万亩，用水量 318 万 m³，亩均用水量 61.9m³，较 2017 年减少 111m³。灌溉用水情况见表 6.6。

表 6.6　　　　2022 年 20 个灌区农业灌溉用水情况统计表

地区	实际灌溉面积/万亩	用水量/万 m³			亩均用水量/(m³/亩)
		总计	地表水	地下水	
张家口市	30.9	8431.0	8431.0	—	272.5
大同市	8.8	1165.7	893.4	272.2	132.7
朔州市	5.1	318.0	93.0	225.0	61.9
总计	44.9	9914.7	9417.4	497.2	221.0

6.3.5.2　地下水恢复

地下水恢复主要从三个方面评估，山区主要对近年地下水压采情况统计分析，结合地下水压采相关规划，评价完成情况；平原区包括对比分析 2022 年 12 月和 2017 年 1 月的地下水位回升情况，2022 年春季和秋季生态补水后河道两侧 10km 范围内地下水位回升情况。

1. 山区地下水压采情况

根据《永定河方案（2022 年修编）》，山西省按照地下水关井压采要求，以用足用好引黄等水源为重点，通过工程、技术、管理等措施，逐步减少大同市、朔州市相关超采区地下水开采量。

2017—2022 年，大同市和朔州市累计压减地下水开采量 10446 万 m^3。大同市压减地下水开采量 2623 万 m^3，朔州市压减地下水开采量 7823 万 m^3，具体情况见图 6.3。

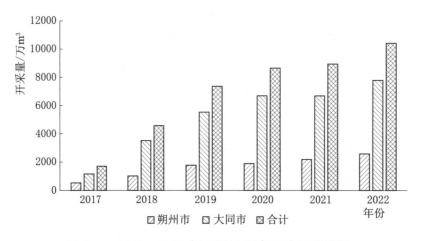

图 6.3 2017—2022 年山区地下水累计开采情况

根据山西省人民政府办公厅印发实施的《山西省地下水超采综合治理行动方案》，2022 年大同市压减目标为 367 万 m^3，流域范围内实际压减 1081.3 万 m^3；朔州市压减目标为 284 万 m^3，流域范围内实际压减 383.2 万 m^3，均完成年度压减目标。

2022 年神头泉年均出流量 3.12m³/s，较 2016 年的 3.84m³/s 减少 0.72m³/s，减少 18.8％。

2. 平原区地下水水位回升情况

本次评估重点调查了永定河平原区 19 眼浅层地下水水位监测井水位变化情况。2022 年 12 月与 2017 年 1 月相比，监测井地下水水位全部回升，平均回升 3.4m，最大回升量 17.7m，为石景山张仪村监测井。见表 6.7。

表 6.7　　　　　　　　　　　监测井水位变化统计表

地区	监测井总数/眼	水 位 变 化 情 况			
		水位回升井数/眼	水位下降井数/眼	水位平均变化/m	最大水位变化/m
北京市	6	6	0	4.0	17.7
天津市	2	2	0	3.3	3.8
廊坊市	11	11	0	3.0	7.9

3. 河道两侧地下水水位回升情况

本次评估重点调查了 5 月 1 日—7 月 31 日和 9 月 20 日—12 月 10 日实施春秋季集中生态补水期永定河平原段河道两侧 10km 范围内地下水水位回升情况。

（1）春季补水。生态补水后，永定河平原段河道两侧 10km 范围内地下水水位比补水前平均回升 0.83m，3km 范围内地下水水位平均回升 1.1m，地下水回补效果明显。

1）三家店至卢沟桥段。与生态补水前相比，永定河三家店至卢沟桥段河道两侧 10km 范围内地下水水位平均回升 1.64m，最大回升值为 3.98m，为侯庄子监测井。河道两侧 3km 范围内地下水水位平均回升 1.9m，3～6km 平均回升 1.44m，6～10km 平均回升 1.04m。

2）卢沟桥至梁各庄。与生态补水前相比，永定河卢沟桥至梁各庄段河道两侧 10km 范围内地下水水位平均回升 0.8m，最大回升值为 3.3m，为魏各庄监测井。河道两侧 3km 范围内地下水水位平均回升 0.89m，3～6km 平均回升 1m，6～10km 平均回升 0.53m。如图 6.4 所示。

3）梁各庄至屈家店。与生态补水前相比，永定河梁各庄至屈家店段河道两侧 10km 范围内地下水水位平均回升 0.2m，最大回升值为 1.71m，为草厂监测井。河道两侧 3km 范围内地下水水位平均回升 0.11m，3～6km 无显著变化，6～10km 平均回升 0.43m。

4）玉泉山区域。与生态补水前相比，地下水水位平均回升 1.23m，最大回升值为 3.16m，为四季御园 2 监测井。

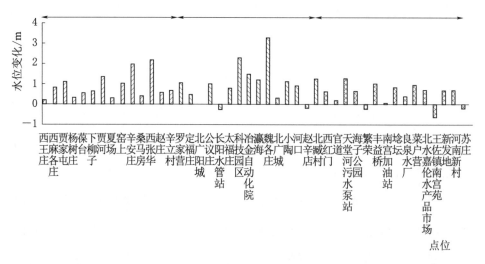

图 6.4　春季补水期卢沟桥至梁各庄段河道两侧 10km 内地下水水位变化图

（2）秋季补水。生态补水后，永定河平原段河道两侧 10km 范围内地下水水位比补水前平均回升 0.79m，3km 范围内地下水水位平均回升 1.24m，地下水回补效果明显。

1）三家店至卢沟桥段。与生态补水前相比，永定河三家店至卢沟桥段河道两侧 10km 范围内地下水水位平均回升 0.08m，最大回升值为 0.35m，为窦店基地污水处理厂监测井。河道两侧 3km 范围内地下水水位平均回升 0.13m，3～6km 平均回升 0.13m，6～10km 下降 0.03m。

2）卢沟桥至梁各庄。与生态补水前相比，永定河卢沟桥至梁各庄段河道两侧 10km 范围内地下水水位平均回升 0.96m，最大回升值为 4.45m，为辛安庄监测井。河道两侧 3km 范围内地下水水位平均回升 1.58m，3～6km 平均回升 0.5m，6～10km 平均回升 0.78m。如图 6.5 所示。

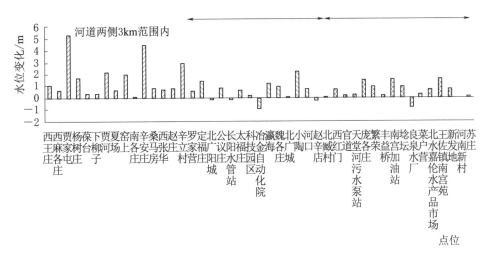

图 6.5　秋季补水期卢沟桥至梁各庄段河道两侧 10km 内地下水水位变化图

3）梁各庄至屈家店。与生态补水前相比，永定河梁各庄至屈家店段河道两侧 10km 范围内地下水水位平均回升 0.57m，最大回升值为 3.04m，为东杨先务监测井。河道两侧 3km 范围内地下水水位平均回升 0.35m，3～6km 平均回升 0.11m，6～10km 平均回升 1m。

4）玉泉山区域。与生态补水前相比，地下水水位平均回升 0.06m，最大回升值为 0.63m，为四季御园 2 监测井。

6.3.6　水生态

6.3.6.1　生态水量

1. 生态补水情况

2017—2022 年，累计向永定河生态补水 31.22 亿 m³。其中，向官厅水库以上河道生态补水 15.44 亿 m³（水库集中输水 7.68 亿 m³，引黄生态补水 7.76 亿 m³），向官厅水库以下平原河道生态补水 15.78 亿 m³（官厅水库下泄 14.39 亿 m³，南水北调中线补水 0.75 亿 m³，小红门再生水补水 0.63 亿 m³，北运河补水 75 万 m³）。

2022 年，向永定河生态补水 9.7 亿 m³。其中，向官厅水库以上河道生态补水 4.52 亿 m³（水库集中输水 2.28 亿 m³，引黄生态补水 2.24 亿 m³）；向官厅水库以下平原河道生态补水 5.18 亿 m³（官厅水库下泄 4.88 亿 m³，小红门再生水补水 0.3 亿 m³）。2022 年永定河生态补水示意如图 6.6 所示。

2. 生态水量满足度

官厅水库以上，2022 年桑干河册田水库、石匣里，洋河响水堡，永定河官厅水库等重要控制断面年生态水量分别为 4.31 亿 m³、4.04 亿 m³、1.27 亿 m³、4.9 亿 m³，满足度分别达到 546%、326%、163%、250%。与 2016 年相比，各重点控制断面生态水量明显增加，册田水库、石匣里、永定河官厅水库分别增加了 4.06 亿 m³、

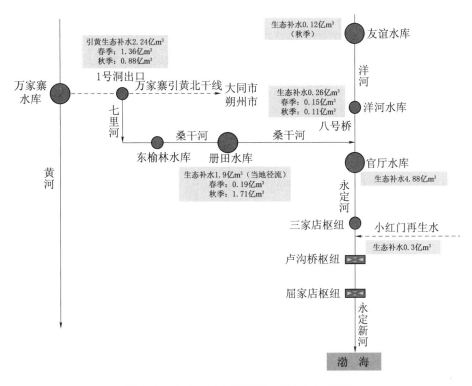

图 6.6　2022 年永定河生态补水示意图

3.15 亿 m³、3.21 亿 m³。

官厅水库以下，2022 年生态水量 5.2 亿 m³，满足度 113％，三家店至屈家店 146km 维持流动 123 天，有水时间 195 天，实现了 3～5 个月全线流动的目标。见表 6.8。

表 6.8　2020—2022 年各控制站生态水量满足情况

控制断面	生态水量目标/亿 m³	2016 年		2020 年		2021 年		2022 年	
		生态水量/亿 m³	满足度/%	生态水量/亿 m³	满足度/%	生态水量/亿 m³	满足度/%	生态水量/亿 m³	满足度/%
册田水库	0.79	0.25	32	1.93	244	2.07	262	4.31	546
石匣里	1.24	0.89	72	1.91	154	2.4	194	4.04	326

控制断面	生态水量目标/亿 m³	2016 年		2020 年		2021 年		2022 年	
		生态水量/亿 m³	满足度/%	生态水量/亿 m³	满足度/%	生态水量/亿 m³	满足度/%	生态水量/亿 m³	满足度/%
洋河响水堡	0.78	1.26	162	1.01	129	1.38	177	1.27	163
永定河官厅水库	1.96	0.28	14	3.07	157	1.2	61	4.90	250
官厅水库以下	4.6	0.28	6	3.07	67	2.3	50	5.2	113

春季生态补水过程中，遵循河流自然水文律动规律，卢沟桥枢纽实施两次大流量脉冲试验，最大流量分别为 380m³/s 和 500m³/s，进一步冲刷河道、塑造河槽，有效打通萎缩的河道、恢复河流功能。

6.3.6.2 通水河长

永定河平原河道连续断流，卢沟桥以下河道断流天数从 20 世纪 60 年代的 197 天增加到 80 年代的 361 天，90 年代出现全年断流，河道完全干涸。

随着集中输水和生态补水，永定河通水河长逐年增加。2019 年，官厅水库生态补水期间，水头到达卢沟桥下游 16km 处，865km 重要河段实现通水 701.4km，占比 81.1%；2020 年官厅水库生态补水期间，北京市 170km 河道全线通水，水头到达卢沟桥以下 121km，进入天津市界约 15km，实现重要河段通水 808km，占比 93.4%；2021 年实现 1996 年以来首次全线通水。

2022 年春季和秋季实现 2 次全线通水，见表 6.9。各河段情况如下：

表 6.9　　　　　2022 年永定河重要河段通水河长情况

河流	河段范围	长度/km	通水河长/km	占比/%
洋河	友谊水库至朱官屯	162	162	100
桑干河	东榆林水库至朱官屯	334	334	100
永定河	朱官屯至屈家店	307	307	100
永定新河	屈家店至永定新河防潮闸	62	62	100
合计	—	865	865	100

（1）洋河：友谊水库至朱官屯河道全长 162km，其中洋河柴沟堡至朱官屯 101km 河道全年有水。东洋河友谊水库至柴沟堡区间，除集中输水期间外，水库以下 10km 部分时段干涸。

（2）桑干河：通过集中输水和生态补水，东榆林水库至朱官屯河道全长 334km 全年有水。

（3）永定河：朱官屯至屈家店河道全长 307km，其中朱官屯至三家店 161km 全年维持基流。三家店至屈家店 146km 维持流动 123 天，有水时间 195 天。

（4）永定新河：屈家店至防潮闸河道全长 62km，全年有水。

6.3.6.3　滩地及岸坡植被面积[1]

对重点河段（即桑干河东榆林水库以下河段、洋河友谊水库以下河段、永定河）卫星遥感影像进行解译，统计分析了近年河湖（库）岸滨带及滩地植被覆盖面积情况，并以 2016 年为基准，对比分析了植被覆盖变化情况。

重点河段岸滨带和滩地总面积为 1005.3km^2，2022 年植被覆盖

---

[1]　2016 年采用 landsat8 NDVI 方法估测，2020 年后采用高分卫星影像解译。

面积 288.3km²，占总面积的 28.7%。与 2016 年相比，滩地植被面积增加了 152.3km²。见表 6.10。

表 6.10 2016 年、2021 年和 2022 年植被面积覆盖情况

河 段	岸滨带和滩地总面积/km²	2016 年		2021 年		2022 年	
		面积/km²	占比/%	面积/km²	占比/%	面积/km²	占比/%
桑干河（册田水库以上）	138.8	13.5	9.7	45.4	32.7	46.1	33.2
桑干河（册田水库以下）	326.4	26.2	8	77.2	23.7	78.5	24
洋河	111.9	12.5	11.2	30.3	27.1	30.6	27.3
永定河（山区段）	170.3	45.9	27	49.1	28.8	50.7	29.8
永定河（平原段）	257.9	37.9	14.7	77	29.9	82.5	32

6.3.6.4 河道防护林面积

本次评估以林草生态综合监测成果为基础，利用遥感影像，对流域河道防护林面积进行调查。2022 年，流域河道防护林面积达到 3.22 万 hm²，蓄积量 129.18 万 m³。见表 6.11。

表 6.11 2022 年永定河河道防护林面积及蓄积量统计表

地区	面积/万 hm²	蓄积量/万 m³	平均单位面积蓄积量/（m³/hm²）
北京	1.07	42.27	39.5
天津	0.09	4.64	51.6
河北	0.33	11.81	35.8
山西	1.73	70.46	40.7
合计	3.22	129.18	40.1

6.3.6.5　森林蓄积量

以林草生态综合监测成果为基础，对 2022 年流域森林蓄积量调查。2022 年，流域森林蓄积量 2569.4 万 m³，平均单位面积蓄积量 40.2m³/hm²。见表 6.12。

表 6.12　　2022 年永定河流域森林蓄积量统计表

地区	面积 /万 hm²	蓄积量 /万 m³	平均单位面积蓄积量 /(m³/hm²)
北京	13.11	427.61	32.6
天津	0.99	44.41	44.9
河北	27.37	1261.94	46.1
山西	22.4	835.44	37.3
合计	63.87	2569.4	40.2

6.3.6.6　生物多样性

2022 年生态补水期间重点对调水沿线河湖 19 个采样点的岸边带植物、浮游植物、浮游动物、底栖生物开展监测采样工作。其中，桑干河有太平窑水库出库等 9 个采样点、洋河有友谊水库出库等 6 个采样点、永定河有梁各庄等 4 个采样点。见表 6.13。

表 6.13　　　　监 测 点 位 信 息

序号	名　　称	所在河流	备　　注
1	太平窑水库（出库）	桑干河	春季、秋季各监测 1 次
2	东榆林水库（出库）	桑干河	
3	西朱庄	桑干河	

续表

序号	名 称	所在河流	备 注
4	新桥	桑干河	
5	固定桥	桑干河	
6	石匣里	桑干河	
7	东册田村	桑干河	
8	揣骨疃大桥	桑干河	
9	朝阳寺	桑干河	春季、秋季各监测 1 次
10	友谊水库（出库）	洋河	
11	牛家营	洋河	
12	洋河水库（出库）	洋河	
13	东洋河村	洋河	
14	马连堡	洋河	
15	南洋河交汇口	洋河	
16	梁各庄	永定河	
17	更生（永兴河）	永定河	为全线通水后新增点位，仅秋季监测 1 次
18	邵七堤	永定河	
19	屈家店	永定河	

1. 评估指标

生物多样性采用密度、生物量、香农-威纳指数和鱼类生物损失指标进行评估。

香农-威纳指数〔Shannon - Wiener 多样性指数（H'）〕是用简单数值表示群落种类多样性，是美国《水与废水标准检验方法》中推荐的方法之一，它引进信息论原理，数学关系严密；可避免种类鉴定的困难，并简化研究结果报告，应用较为广泛。

Shannon－Wiener 多样性指数（H'）属于单因子指数，能够对生物多样性和一个地区的水质进行评价。Shannon－Wiener 多样性指数（H'）公式如下：

$$H' = -\sum_{i=1}^{S}(P_i \ln P_i)$$

其中：P_i 表示某物种单个数量比上全部物种个数的数值。

一般生物多样性指示指数常用的为 Shannon 指数来表征生物多样性程度，其中对于计算结果显示为 0 则表征水体为严重污染，0～1 则表现为重污染，1～2 则表现为中度污染，2～3 则表征为轻度污染，大于 3 则表示水体清洁程度高。

鱼类生物损失指标 FOE，为土著鱼类生物损失指数，FO 为评估河段调查获得的鱼类种类数量，FE 为 1980 年之前评估河段的鱼类种类数，表达式为

$$FOE = \frac{FO}{FE}$$

2. 浮游植物

2022 年度永定河流域内共采集到浮游植物 8 门 201 种，其中硅藻门 83 种和绿藻门 61 种分别占所调查浮游植物总种数的 41.3% 和 30.3%，优势明显。如图 6.7 所示。

永定河流域浮游植物密度范围在 $2.53 \times 10^6 \sim 749.77 \times 10^6$ cells/L 之间，平均密度由补水前 25.74×10^6 cells/L 增加到补水后 73.07×10^6 cells/L；其中桑干河、洋河、永定河浮游植物平均密度分别为 49.43×10^6 cells/L、113.81×10^6 cells/L、49.06×10^6 cells/L，洋河浮游植物平均密度最大；从密度组成来看，主要由蓝藻和硅藻组成，

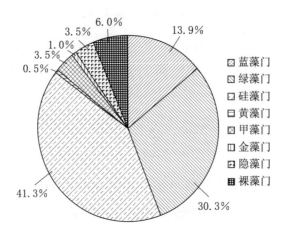

图 6.7　2022 年永定河流域浮游植物种类组成

两者占浮游植物总密度的 85.4%。洋河水库监测点位浮游植物密度
最大。如图 6.8 所示。

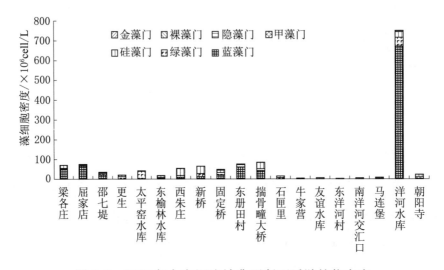

图 6.8　2022 年永定河流域典型断面浮游植物密度

2022 年永定河流域浮游植物生物量在 1.67～78.73mg/L 之间，
平均生物量由补水前 6.41mg/L 增加到补水后 15.47mg/L；其中桑
干河、洋河、永定河浮游植物平均生物量分别为 17.44mg/L、
16.09mg/L、10.46mg/L，桑干河浮游植物平均生物量最大；从生

物量组成来看，主要由硅藻和绿藻组成，两者占浮游植物总密度的
80.9%。洋河水库监测点位浮游植物生物量最大。如图 6.9 所示。

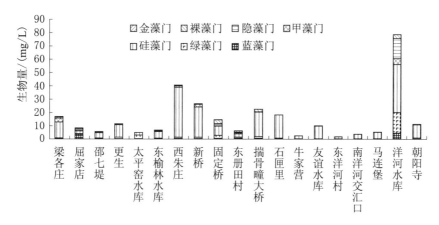

图 6.9　2022 年永定河流域典型断面浮游植物生物量

水生生物多样性评价即通过描述群落中各物种的组成状况来反
映水体有机污染对群落造成的影响，由此评价水环境质量。目前，
国际上应用最多的多样性指数是 Shannon - Wiener 多样性指数 H'。

2022 年永定河流域浮游植物 Shannon - Wiener 多样性指数在
1.32～2.76 之间，补水后 Shannon - Wiener 多样性指数平均值为
2.15，较补水前 2.09 有所增加。其中桑干河、洋河、永定河浮游植
物 Shannon - Wiener 多样性指数平均值分别为 2.14、2.20、2.09。
固定桥监测点位 Shannon - Wiener 多样性指数最高。如图 6.10
所示。

3. 浮游动物

2022 年度永定河流域内共采集到浮游动物 121 种，其中轮虫类
占据明显优势，共采集调查到 77 种，占所调查浮游动物总种数的
63.6%，优势明显。屈家店监测点位采集到的浮游动物种类最多。
如图 6.11 所示。

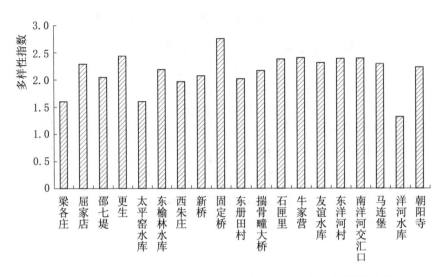

图 6.10 2022 年永定河流域典型断面浮游植物多样性指数

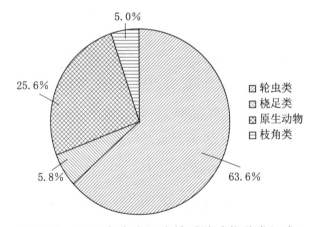

图 6.11 2022 年永定河流域浮游动物种类组成

2022 年永定河流域浮游动物密度范围在 0～20250ind./L 之间，平均密度由补水前 375.50ind./L 增加到补水后 145.83ind./L；其中桑干河、洋河、永定河浮游动物平均密度分别为 1151.45ind./L、2970.04ind./L、792.22ind./L，洋河浮游动物平均密度最大；从密度组成来看，主要由轮虫和原生动物组成，两者占浮游动物总密度的99％以上。洋河水库监测点位浮游动物密度最大。如图 6.12 所示。

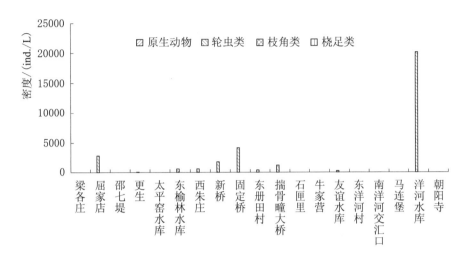

图 6.12　2022 年永定河流域典型断面浮游动物密度

2022 年永定河流域浮游动物生物量为 0～24.23mg/L 之间，平均生物量由补水前 0.49mg/L 增加到补水后 2.09mg/L；其中桑干河、洋河、永定河浮游动物平均生物量分别为 1.36mg/L、3.54mg/L、1.00mg/L，洋河浮游动物平均生物量最大；从生物量组成来看，主要由轮虫类和枝角类组成，两者占浮游动物总密度的 99.7%。洋河水库监测点位浮游动物生物量最大。如图 6.13 所示。

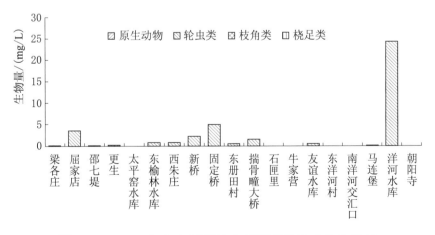

图 6.13　2022 年永定河流域典型断面浮游动物生物量

2022年永定河流域浮游动物 Shannon - Wiener 多样性指数在 0～1.822 之间，补水后 Shannon - Wiener 多样性指数平均值为 1.20，较补水前 1.08 有所增加。其中桑干河、洋河、永定河浮游动物 Shannon - Wiener 多样性指数平均值分别为 1.18、0.48、1.01。屈家店监测点位 Shannon - Wiener 多样性指数最高。如图 6.14 所示。

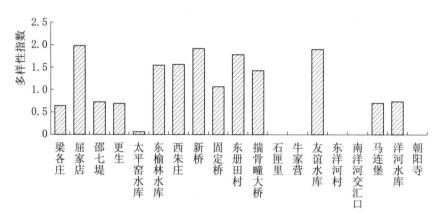

图 6.14 2022 年永定河流域典型断面浮游动物多样性指数

4. 底栖动物

2022 年度永定河流域内共采集到底栖生物 78 种，其中节肢动物占据明显优势，共采集调查到 63 种，占所调查底栖生物总种数的 80.8%，优势明显。友谊水库（出库）监测点位采集到的底栖生物种类最多。如图 6.15 所示。

2022 年永定河流域底栖生物密度在 0～2312ind./m² 之间，平均密度为 288.84ind./m²，较补水前有所下降，可能与大流量脉冲实验冲刷导致河床底质不稳定有关。其中桑干河、洋河、永定河底栖生物平均密度分别为 242ind./m²、368ind./m²、244ind./m²，洋河底栖生物平均密度最大；从密度组成来看，主要由节肢动物和软

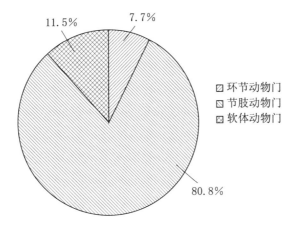

图 6.15　2022 年永定河流域底栖生物种类组成

体动物组成，两者占底栖生物总密度的 97.8%。友谊水库（出库）监测点的底栖生物密度最大。如图 6.16 所示。

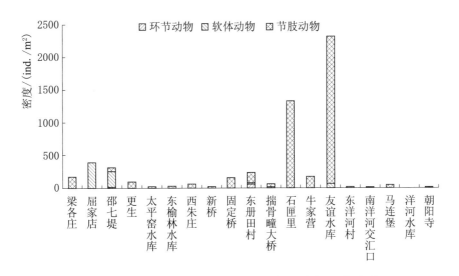

图 6.16　2022 年永定河流域典型断面底栖生物密度

2022 年永定河流域底栖生物生物量为 $0\sim223.99\text{g/m}^2$ 之间，平均生物量由补水前 9.35g/m^2 增加到补水后 16.58g/m^2；其中桑干河、洋河、永定河底栖生物平均生物量分别为 0.51g/m^2、5.09g/m^2、

68.85g/m²，永定河底栖生物平均生物量最大；从生物量组成来看，主要由节肢动物和软体动物组成，两者占底栖生物总密度的99%。屈家店监测点位底栖生物生物量最大。如图6.17所示。

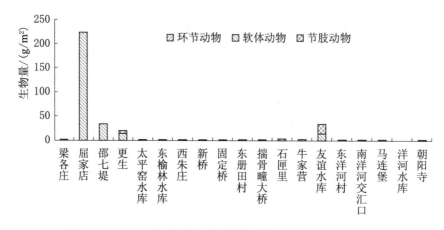

图6.17　2022年永定河流域典型断面底栖生物生物量

2022年永定河流域底栖生物Shannon-Wiener多样性指数在0～1.822之间，补水后Shannon-Wiener多样性指数平均值为0.733，较补水前0.94有所减少，可能与大流量脉冲实验冲刷导致河床底质不稳定有关。其中桑干河、洋河、永定河底栖生物Shannon-Wiener多样性指数平均值分别为0.74、0.58、0.98；东册田村监测点位Shannon-Wiener多样性指数最高。如图6.18所示。

5. 鱼类

鱼类作为水生态系统中的顶级群落，是水生态系统的主要组成部分。鱼类的多样性和群落结构在很大程度上能反映河流的健康状态。

2022年在永定河山区段新发现兴凯鱊、点纹银鮈，永定河流域累计调查发现鱼类15科51种，其中包括黑鳍鳈、宽鳍鱲等清洁水体指示物种。其中鲤科鱼类所占比例为52.9%，小型鱼类、小个体

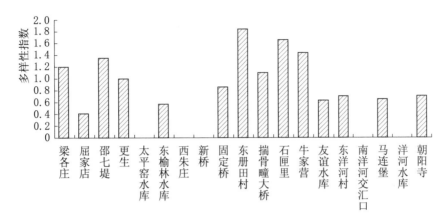

图 6.18　2022 年永定河流域典型断面底栖生物多样性指数

鱼类所占比例较大。整体来看首先为鲤形目最多，占比 70.6%；其次为鲈形目，占比 9.8%；再次为鲇形目和鲑形目，占比分别为 7.8%、3.9%；鳉形目、鲱形目、合鳃目以及刺鱼目均采集到一种。2022 鱼类生物损失指数为 0.718。

6.3.7　水管理

1. 流域协同治理能力显著加强

在部省协调领导小组办公室指导下，水利部海河水利委员会充分发挥流域治理管理的主力军作用，会同京津冀晋地区水利（水务）厅（局）、流域公司，认真落实《永定河生态用水保障合作协议》，开启了流域协同管理、共同保障河流生态用水的新局面。流域全面建立河湖长制，设置省、市、县、乡四级河湖长 456 名，村级河湖长 1200 余名，建立健全了河湖长制体系、组织体系、制度体系和责任体系不断完善，开展"清河行动"和"清四乱"专项行动，连续开展"关爱河流 保护永定河"活动，深入推进河湖面貌和环境质量持续改善。在各方共同努力下，永定河综合治理与生态修复目标同向、思想同心、工作同步，"部委统筹、流域推动、省市负责、公司落实"的协同治理工作机制逐步形成。

2. 数字永定河建设逐步推进

遵循智慧水利建设总体思路和框架，坚持运用数字赋能，以"流域监管精细化、业务处理协同化、调度决策智能化、水利服务社会化"为目标，围绕流域水资源调度、水环境保护、水生态修复等管理需要，以"监督、监控、评价、评估、调度、预警"为核心功能，构建了服务于永定河水资源统一调度管理的信息化系统，初步实现生态水量调度"四预"功能，以信息化手段助力永定河"流动的河、绿色的河、清洁的河、安全的河"目标实现，为数字孪生永定河及智慧永定河建设奠定了良好的基础。

3. 流域治理"永定河模式"初步确立

按照"区域协同、互惠共赢、科学运营、稳步推进"的原则，京津冀晋地区人民政府联合中国交通建设集团有限公司共同组建流域公司，探索和实践投资主体一体化带动流域治理一体化的新模式，促进政府与市场两手发力，为永定河生态修复添加了新动能。通过不断强化流域公司"治理平台、服务平台、融资平台、结算平台"的作用，统筹管理财政资金，推动流域治理与生态修复投资主体一体化、资源资产化、资产资本化、资本证券化。部省之间、流域之间、政企之间、责任主体之间以治理工作为纽带，实现上下游联动、政府与市场联动，成为目标同向、措施一体、利益统一的治理与发展共同体，形成了共商、共建、共治、共享的流域综合治理"永定河样本"。

6.4　落实可持续发展目标的成效分析

《中国落实 2030 年可持续发展议程国别方案》将 SDG 6 分为了饮用水、水卫生、水环境、水资源、水生态以及水管理 6 个小目标。针对中方为达到 SDG 6 的具体举措，笔者构建了流域落实可持续发展目标的评价体系，并在此部分将该体系应用于永定河流域落实可持续发展目标的成效评价。考虑到 2016 年《永定河方案》印发实施以后，永定河流域开展系统性治理，因此，选取 2015 年为基准年，并与 2022 年作对比分析。

6.4.1　基准年 2015 年评价结果

6.4.1.1　饮用水

1. 农村自来水普及率

根据相关地区"十三五"规划纲要，2015 年，朔州市农村自来水普及率 85%，大同市为 92.3%，张家口为 80%，综合为 84.7%，评分为 8.47 分，"优"等级。

2. 供水价格

朔州市具备实行阶梯式计量水价条件的居民用户，各级水量及对应用水价格如下：一级水量 2.5m³/（人·月），2.00 元/m³；二级水量 2.51～3.5m³/（人·月），3.00 元/m³；三级水量 3.5m³/（人·月）以上，3.20 元/m³。不具备实行阶梯式计量水价条件的居民用户，用水价格为 1.70 元/m³。居民生活用水价格为 2.10 元/m³。

大同市具备实行阶梯式计量水价条件的居民用户，各级水量及对应用水价格如下：一级水量 2.5 m³/(人·月)，1.60 元/m³；二级水量 2.51~3.5 m³/(人·月)，2.40 元/m³；三级水量 3.51 m³/(人·月) 及以上，3.20 元/m³。不具备实行阶梯式计量水价条件的居民用户，用水价格为 1.70 元/m³。

张家口主城区、宣化区居民生活自来水收费价格标准为 2.70 元/m³。

根据指标评价办法，对于有阶梯的，选取第一阶梯作为参照，则朔州、大同的比值分别为 0.87、0.70；对于不实行阶梯水价的张家口，将水价与所给参照的第二阶梯做对比，比值为 0.66。综合比值为 0.76，插值后评分为 7.4 分，"良"等级。

6.4.1.2　水卫生

农村卫生厕所普及率。根据第三次全国农业普查主要数据公布情况，河北省使用水冲式卫生厕所的 221.74 万户，占 14.95%，使用卫生旱厕的 322.33 万户，占 21.73%；山西省使用卫生旱厕的 81.6 万户，占 13.1%，使用水冲式卫生厕所的 29.2 万户，占 4.7%。综合后，卫生厕所普及率 25.0%，评分 2.5 分，"差"等级。

6.4.1.3　水环境

1. 城市污水处理率

2015 年，朔州市城市污水处理率达到 97.65%，大同市 86.3%，张家口市 85%。综合后，城市污水处理率 85.5%，评分 8.45 分，"优"等级。

2. 河流溶解氧水质状况

流域 29 个河流监测断面溶解氧平均浓度为 8.12mg/L，根据评价方法，记作 8.12/5，即 1.62，赋分 10 分，"优"等级。

3. 河流耗氧有机污染物

流域 29 个河流监测断面五日生化需氧量平均浓度为 3.96mg/L，根据评价方法，记作 3.68/4，即 0.92，赋分 6.32 分，"良"等级。

4. 水库溶解氧水质状况

流域友谊水库、册田水库等 5 座水库溶解氧平均浓度 8.01mg/L，根据评价方法，记作 8.01/5，即 1.60，赋分 10 分，"优"等级。

5. 水库耗氧有机污染物

流域友谊水库、册田水库等 5 座水库五日生化需氧量平均浓度 4.7mg/L，根据评价方法，记作 4.7/4，即 1.18，赋分 5.28 分，"中"等级。

6. 水库富营养化

流域友谊水库、册田水库等 3 座大型水库五日生化需氧量、叶绿素 a、总磷的平均浓度分别为 5.29mg/L、0.07mg/L、0.21mg/L，根据评价方法，分别记作 5.29/10、0.07/10、0.21/0.01，即 0.53、0.007、21，平均为 7.18，赋分 0 分，"劣"等级。

7. 水功能区水质达标率

流域 41 个水功能区中达标 11 个，达标率 26.8，赋分 2.68 分，"差"等级。

6.4.1.4 水资源

1. 万元 GDP 用水量

朔州市、大同市和张家口市万元 GDP 用水量分别为 53m³、57m³ 和 67.1m³，平均为 59.0m³/万元，根据评价方法，59.0/57.2，即 1.04，赋分为 4.6 分，"中"等级。

2．农业灌溉亩均用水量

朔州市、大同市和张家口市农业灌溉亩均用水量分别为 $155m^3$、$159m^3$ 和 $196m^3$，平均为 $170m^3/$ 亩，根据评价方法，$170/356$，即 0.48，赋分为 10 分，"优" 等级。

3．地下水开采量

朔州市、大同市和张家口市多年平均地下水资源量分别为 6.53 亿 m^3、7.26 亿 m^3 和 11.9 亿 m^3，2015 年开采量分别为 2.54 亿 m^3、6.7 亿 m^3 和 6.76 亿 m^3，赋值为 $2.54/6.53$、$6.7/7.26$ 和 $6.76/11.9$，即 0.39、0.92 和 0.57，平均为 0.63，赋分 8.7 分，"优" 等级。

6.4.1.5　水生态

1．鱼类损失指数

2015 年，流域鱼类损失指数为 0.667，赋分 1.67 分，"劣" 等级。

2．通水河长

2015 年尚未启动河道集中生态补水，重要河段通水河长 701.4km，将当年通水河长视为初始值，则赋值 1，赋分 5 分，"中" 等级。

3．滩地及岸坡植被面积

流域重要河段的岸滨带和滩地总面积 $1005.3km^2$，2015 年，植被覆盖面积 $136km^2$，将其视为初始值，则赋值 1，赋分 5 分，"中" 等级。

6.4.1.6　水管理

1．国家政策、法规和规划

国家对永定河流域出台的政策、法规和规划方面数量较多。

2015 年，为推动京津冀协同发展国家重大战略部署，发布《京津冀协同发展规划纲要》，提出开展"六河五湖"生态治理修复工作。永定河是"六河五湖"中的重要河流之一，因此先行开展永定河综合治理与生态修复，将其作为京津冀协同发展在生态领域率先实现突破的着力点，对改善区域生态环境具有重要的引领示范作用。赋分 7 分，"良"等级。

2. 国家部门参与程度

国家相关部门对永定河治理保护的参与程度比较积极，定期开展水资源数量、质量的监测和评估，开展永定河健康评价等工作，重视农业节水，提高水资源利用效率。赋分 7 分，"良"等级。

6.4.1.7 评价结果

基于评价指标赋值权重表和本次评价选取指标情况，核算各指标赋值权重，根据以上各指标赋分情况，计算 2015 年评价结果为 6.44 分，见表 6.14。

表 6.14 2015 年基准年永定河落实可持续发展目标评估表

准则层	指　　标	各指标权重	总权重/%	赋分	得分
饮用水	农村自来水普及率	0.54	17.8	8.47	1.51
	饮用水价格	0.46	15.5	7.40	1.15
水卫生	农村卫生厕所普及率	1.00	13.8	2.50	0.35
水环境	城市污水集中处理率	0.30	5.1	8.45	0.43
	河流溶解氧水质状况	0.13	2.2	10.00	0.22
	河流耗氧有机污染物	0.08	1.3	6.32	0.08
	水库溶解氧水质状况	0.16	2.7	10.00	0.27
	水库耗氧有机污染物	0.08	1.3	5.28	0.07

续表

准则层	指 标	各指标权重	总权重/%	赋分	得分
水环境	水库富营养化状况	0.08	1.4	0	0
	水功能区水质达标率	0.16	2.7	2.68	0.07
水资源	万元GDP用水量	0.40	5.9	4.60	0.27
	农业灌溉亩均用水量	0.24	3.5	10.00	0.35
	地下水开采量	0.36	5.3	8.70	0.46
水生态	鱼类生物损失指数	0.27	2.7	1.67	0.04
	通水河长	0.44	4.3	5.00	0.21
	滩地及岸坡植被面积	0.29	2.9	5.00	0.14
水管理	国家政策、法规、规划	0.51	5.9	7.00	0.42
	国家部门参与程度	0.49	5.8	7.00	0.40
综合得分					6.44

6.4.2 2022年评价结果

6.4.2.1 饮用水

1. 农村自来水普及率

根据山西省"十四五"水安全保障规划，2020年山西省农村自来水普及率达94%，根据张家口"十四五"水安全保障规划，张家口农村自来水普及率达90%，综合为91.5%，评分为9.15分，"优"等级。

2. 供水价格

朔州市具备实行阶梯式计量水价条件的居民用户，各级水量及对应用水价格如下：一级水量 $2.5m^3/(人·月)$，2.00 元/m^3；二级水量 2.51～3.5m³/（人·月），3.00 元/m³；三级水量 3.5m³/（人·月）以上，3.20 元/m³。不具备实行阶梯式计量水价条件的居民用户，用水价格为 1.70 元/m³。居民生活用水价格为 2.10 元/m³。

大同市具备实行阶梯式计量水价条件的居民用户，各级水量及对应用水价格如下：一级水量 2.5m³/（人·月），1.60 元/m³；二级水量 2.51～3.5m³/（人·月），2.40 元/m³；三级水量 3.51m³/（人·月）及以上，3.20 元/m³。不具备实行阶梯式计量水价条件的居民用户，用水价格为 1.70 元/m³。

张家口市主城区、宣化区居民生活自来水收费价格标准为第一阶梯基本水价为 3.15 元/m³，第二阶梯水价为 4.72 元/m³，第三阶梯水价为 9.45 元/m³。

根据指标评价办法，选取第一阶梯作为参照，则朔州市、大同市、张家口市的比值分别为 0.87、0.70、1.11，综合比值为 0.89，赋分 6.1 分，"良"等级。

6.4.2.2　水卫生

2021 年，张家口市卫生厕所普及率 53.3%，2022 年山西省卫生厕所普及率 74.3%，综合后，卫生厕所普及率 61.3%，评分 6.13 分，"良"等级。

6.4.2.3　水环境

1. 城市污水处理率

2021 年，山西省城市污水处理率 98.6%，张家口市达到 97.3%，综合后，城市污水处理率 97.8%，评分 9.78 分，"优"等级。

2. 河流溶解氧水质状况

流域 28 个河流监测断面溶解氧平均浓度为 9.88mg/L，根据评价方法，记作 9.88/5，即 1.98，赋分 10 分，"优"等级。

3. 河流耗氧有机污染物

流域 28 个河流监测断面五日生化需氧量平均浓度为 3.96mg/L，根据评价方法，记作 2.15/4，即 0.54，赋分 7.84 分，"良"等级。

4. 水库溶解氧水质状况

流域友谊水库、册田水库等 4 座水库溶解氧平均浓度 9.63mg/L，根据评价方法，记作 9.63/5，即 1.93，赋分 10 分，"优"等级。

5. 水库耗氧有机污染物

流域友谊水库、册田水库等 4 座水库五日生化需氧量平均浓度 2.2mg/L，根据评价方法，记作 2.2/4，即 0.55，赋分 7.8 分，"中"等级。

6. 水库富营养化

流域友谊水库、册田水库等 3 座大型水库五日生化需氧量、叶绿素 a、总磷的平均浓度分别为 2.13mg/L、0.011mg/L、0.045mg/L，根据评价方法，分别记作 2.13/10、0.011/10、0.045/0.01，即 0.21、0.0011、0.45，平均为 0.22，赋分 8.9 分，"优"等级。

7. 水功能区水质达标率

流域 32 个水质国控断面，达标 31 个，达标率 96.9，赋分 9.69 分，"优"等级。

6.4.2.4　水资源

1. 万元 GDP 用水量

朔州市、大同市和张家口市万元 GDP 用水量分别为 35.2m³、37.1m³ 和 51m³，平均为 45.7m³/万元，根据评价方法，45.7/

57.2，即 0.80，赋分为 6 分，"中"等级。

2. 农业灌溉亩均用水量

朔州市、大同市和张家口市农业灌溉亩均用水量分别为 137.7m³、167.8m³ 和 146m³，平均为 154.3m³/亩，根据评价方法，154.3/356，即 0.43，赋分为 10 分，"优"等级。

3. 地下水开采量

朔州市、大同市和张家口市多年平均地下水资源量分别为 6.53m³、7.26m³ 和 11.9 亿 m³，开采量分别为 2.0 亿 m³、2.79 亿 m³ 和 5.4 亿 m³，赋值为 2.0/6.53、2.79/7.26 和 5.4/11.9，即 0.31、0.38 和 0.45，平均为 0.43，赋分 10 分，"优"等级。

6.4.2.5　水生态

1. 鱼类损失指数

2022 年，流域鱼类损失指数为 0.718，赋分 2.18 分，"差"等级。

2. 通水河长

2022 年通过河道集中输水和引黄生态补水，重要河段通水河长 865km，则赋值 865/704.1，即 1.23，赋分 8.6 分，"优"等级。

3. 滩地及岸坡植被面积

流域重要河段的岸滨带和滩地总面积 1005.3km²，2022 年，植被覆盖面积 288.3km²，将其视为初始值，则赋值 288.3/136，即 2.12，赋分 10 分，"优"等级。

6.4.2.6　水管理

1. 国家政策、法规和规划

2016 年《永定河方案》印发实施以来，国家高度重视永定河流

域综合治理与生态修复工作，截至 2022 年年底，中央累计投资 61.5
亿元，实施了农业节水、河道整治等多个工程。陆续实施了多项政
策、法规等，如《永定河生态用水保障合作协议》，推进《永定河水
量调度办法》的颁布实施，2019 年来持续开展永定河综合治理与生
态修复实施年度评估。赋分 10 分，"优"等级。

2. 国家部门参与程度

国家相关部门对永定河治理保护的参与程度很积极，定期开展水
资源数量、质量的监测和评估，开展生物多样性监测评估，研究上下
游水生态补偿制度，协助开展永定河综合治理与生态修复实施年度评
估、中期评估等。赋分 10 分，"优"等级。

6.4.2.7　评价结果

基于评价指标赋值权重表和本次评价选取指标情况，核算各指
标赋值权重，根据以上各指标赋分情况，计算 2022 年评价结果为
8.13 分，见表 6.15。

表 6.15　　　2022 年永定河落实可持续发展目标评估表

准则层	指　　标	各指标权重	总权重/%	赋分	得分
饮用水	农村自来水普及率	0.54	17.8	9.15	1.63
	饮用水价格	0.46	15.5	6.1	0.95
水卫生	农村卫生厕所普及率	1.00	13.8	6.13	0.85
水环境	城市污水集中处理率	0.30	5.1	9.78	0.50
	河流溶解氧水质状况	0.13	2.2	10	0.22
	河流耗氧有机污染状况	0.08	1.3	7.84	0.10
	水库溶解氧水质状况	0.16	2.7	10	0.27
	水库耗氧有机污染状况	0.08	1.3	7.8	0.10

准则层	指　　标	各指标权重	总权重/%	赋分	得分
水环境	水库富营养化状况	0.08	1.4	8.9	0.13
	水功能区水质达标率	0.16	2.7	9.69	0.26
水资源	万元 GDP 用水量	0.40	5.9	6	0.35
	农业灌溉亩均用水量	0.24	3.5	10	0.35
	地下水开采量	0.36	5.3	10	0.53
水生态	鱼类生物损失指数	0.27	2.7	2.18	0.06
	通水河长	0.44	4.3	8.6	0.37
	滩地及岸坡植被面积	0.29	2.9	10	0.29
水管理	国家政策、法规、规划	0.51	5.9	10	0.59
	国家部门参与程度	0.49	5.8	10	0.58
综合得分					8.13

6.4.3　对比分析

从指标评价结果来看，大部分指标得分都有所增长。

（1）改善明显的指标主要包括水功能区水质达标率、农村卫生厕所普及率、滩地及岸坡植被面积、通水河长等，主要因为近年实施引黄生态补水增加河道水量，改善了水体流动性，提升了水质和植被面积，此外，为推进美丽乡村建设、幸福河湖建设，加大了对农村卫生厕所建设及完善工作，提高了卫生厕所普及率。

（2）仍需提升的指标主要有鱼类生物损失指数、万元 GDP 用水量和农村卫生厕所普及率等，鱼类损失主要受多年持续河道生态水量匮缺、河道干涸断流影响，虽然近年有所改善，但仍需进一步增加鱼类种群和数量；万元 GDP 用水量较高，主要因为流域内农业灌溉用水量大，下一步仍进一步强化农业节水；农村卫生厕所目前各地区仍在积极推行，指标将持续提升。见表 6.16。

表 6.16　　永定河落实可持续发展目标成效分析

(2015 年与 2022 年对比)

准则层	指　标	评价等级		得分（满分 10 分）		得分变化 /%
		2015 年	2022 年	2015 年	2022 年	
饮用水	农村自来水普及率	优	优	8.47	9.15	7.95
	饮用水价格	良	良	7.40	6.10	−17.57
水卫生	农村卫生厕所普及率	差	良	2.5	6.13	142.86
水环境	城市污水集中处理率	优	优	8.45	9.78	16.28
	河流溶解氧水质状况	优	优	10	10	0
	河流耗氧有机污染状况	良	良	6.32	7.84	25
	水库溶解氧水质状况	优	优	10	10	0
	水库耗氧有机污染状况	中	良	5.28	7.8	42.86
	水库富营养化状况	差	优	0	8.9	—
	水功能区水质达标率	差	优	2.68	9.69	271.43
水资源	万元 GDP 用水量	中	良	4.6	6	29.63
	农业灌溉亩均用水量	优	优	10	10	0
	地下水开采量	优	优	8.7	10	15.22
水生态	鱼类生物损失指数	差	差	1.67	2.18	50
	通水河长	中	优	5	8.6	76.19
	滩地及岸坡植被面积	中	优	5	10	107.14
水管理	国家政策、法规、规划	良	优	7	10	40.48
	国家部门参与程度	良	优	7	10	45

第 7 章　永定河流域治理典型示范 工程建设与分析

永定河流域沿线地区面临非首都功能疏解、资源型经济转型升级。近年来，流域常住人口规模增速高于京津冀晋各自增速，新增企业注册数量、人均可支配收入等指标持续攀升，其他经济社会价值指标均实现正增长，地区经济可持续发展呈现活力，成为"绿水青山就是金山银山"理念的优秀实践样本。

妫水河经官厅水库后入永定河，是官厅水库水污染防治重点区域之一，其水质好坏直接影响着官厅水库水质安全。由于妫水河水资源量的有限性和时空分布的不均匀性，且流域内生产和生活污水、垃圾、畜禽养殖及农药化肥等面源污染对妫水河水质影响较大，造成河流水污染严重，流域水环境质量较差。《永定河方案》将官厅水库妫水河入库口水质净化湿地工程项目列为重点实施内容，通过改善官厅水库水质，提高水源地安全保障水平，使官厅水库成为京津冀协同发展的重要水资源支撑平台、生态安全屏障和生态明建设典范，积极推进京津冀协同发展战略，是促进"经济-社会-资源环境"相互关联的可持续发展目标在流域治理中落实的具体体现。本章将详细介绍官厅水库妫水河入库口水质净化湿地工程建设情况，并分析工程建设对可持续发展的贡献，为相关流域治理工程建设提供参考。

7.1 工程建设情况

7.1.1 工程建设位置

根据官厅水库水源及生态保护的要求，结合本工程特点，考虑不影响原河道防洪安全，经过现场踏勘，并与相关各方协商，妫水河入库口水质净化湿地工程选址设定为官厅水库 479.00m 高程范围以内，具体为妫水河入库口农场橡胶坝副坝南侧、康张路（S217）东侧、环湖南路北侧区域，总面积 19.0hm²。人工湿地建设将与已有农场橡胶坝相结合，利用农场橡胶坝对来水的拦截蓄水作用形成的高差，可通过自流引水为人工湿地输水❶。

7.1.2 工程任务

官厅水库妫水河入库口水质净化湿地工程建设对于永定河流域践行联合国 SDG 目标具有现实意义。湿地工程的实施可以有效净化妫水河上游来水，削减了入库污染负荷，夯实入库水质保障基础。同时，也有利于妫水河入库口水生态系统恢复及水体自净能力提升，促进官厅水库生态系统的恢复和保护。适当建设科普教育、宣传展示设施，使其成为集水质净化及科教展示等多功能于一体的人工湿地科普教育基地。绿化修复工程设计中，注重湿地生态景观设计，

---

❶ 中水珠江规划勘测设计有限公司. 官厅水库妫水河入库口水质净化湿地工程初步设计报告；广州，2019.

做到美学和生态的完美结合。以绿化种植为主，配合工程管理和科普教育适当建设湿地大门、围栏、瞭望平台、道路铺装等。因此，工程建设不但有助于达成"为所有人提供水和环境卫生并对其进行可持续管理""保护、恢复和促进可持续利用陆地生态系统，可持续地管理森林，防治荒漠化，制止和扭转土地退化，遏制生物多样性的丧失"等目标，还兼具宣传教育和美学功能。该湿地工程建设可有力推动可持续发展目标在流域治理中落实，助力实现 2025 年永定河"流动的河、绿色的河、清洁的河、安全的河"规划目标。

7.1.3　主要工程内容

官厅水库妫水河入库口水质净化湿地工程包括湿地管网工程、湿地净化工程、绿化修复工程、配套设施等四部分内容。工程范围为妫水河入库口农场橡胶坝副坝以南、康张路以东、环湖南路以北的区域，工程总占地 19hm²，其中湿地净化区面积 12.17hm²，湿地附属区面积 6.83hm²。设计处理规模 2.0 万 m³/d。

1. 湿地管网工程

为确保湿地水流顺畅，各湿地单元均设置管道系统，促进水流的均匀分布。根据湿地结构不同，管道布设有所区别，本工程管道主要包含渗滤单元集水花管、水平潜流湿地床集/布水花管、垂向潜流湿地床集/布水花管，以及各级湿地床间的连通管道。湿地工程通过多种途径达到优化处理过程目的：

（1）湿地减渗设计。为防止局部基础地质渗透性过大，造成湿地水量损失过快，影响湿地植物生长，特对复合潜流湿地底部局部区域做减渗处理。湿地的减渗处理措施为在夯实基础上铺撒钠基膨润土粉，6kg/m² 压实，其上铺无纺布。

（2）湿地水流控制。为控制湿地水量分配及水位控制，在渗滤区集水井与复合湿地布水渠衔接处布设湿地配水控制闸。

（3）湿地雨洪控制。为防止汛期官厅水库水位抬升，并将周边降雨形成的高含沙水流倒灌进入复合潜流湿地，特在潜流湿地退水明渠段设置湿地雨洪控制措施，该措施主要有土坝、退水管涵、退水控制闸组成。

2. 湿地净化工程

湿地净化工程是采用"潜流湿地＋生物塘"复合型人工湿地系统实现水质净化目的。水质净化原理为：河水经引水（输配水）系统均匀进入根区基质层。基质层由湿地填料构成，水位维持在稍微低于基质层的顶部，上表栽种挺水植物，通过植物发达的根系与多孔基质一起构成一个透水的系统。同时，这些根系具有输氧功能，为好氧微生物提供了一部分氧气，微生物分解河水中的有机物，矿化后的一部分有机物（如氮、磷）可被植物利用，在微生物的缺氧区还可以发生反硝化而脱氮，使河水得到净化。

湿地净化工程将在康张路以东建设复合潜流湿地，共分为渗滤区、复合湿地Ⅰ区、复合湿地Ⅱ区、复合湿地Ⅲ区共四个区域，总占地 12.17hm^2，有效湿地面积 8.68hm^2，管理用路面积 0.9hm^2。设计处理规模 2.0 万 m^3/d。

在湿地运行过程中，由专人负责对水生植物的枯枝进行收割和管理。人工湿地的植物系统（尤其是挺水植物）在建立后必须连续提供养分和水分，保证栽种植物多年的生长和繁殖。湿地中的植物通常在春夏时期生长迅速，大量吸收河水中携带的营养物质，在第二年春季之前必须进行收割。一方面，湿地中部分氮、磷可通过植物的收割去除；另一方面，植物秆茎及落叶可起到冬季保温作用，而开春前收割则能够给第二年植物的生长创造良好的环境。为防止杂草的大量生长，在湿地碎石床植物未充分生长的运行前期，可对湿地进行淹水，防止一些旱生杂草的生长。待植物生长良好，足以在与杂草生长竞争中占据优势时，恢复正常水位。湿地植物除虫以收割或水喷为主，不宜使用杀虫剂，避免对水质产生影响，造成二次污染。此外，收割的水生植物秸秆等较难处理，本工程配置破碎压榨机等设备，拟采用晒干＋粉碎＋堆肥的方式处置。

3. 绿化修复工程

绿化修复工程包括湿地净化区绿化修复面积 2.59hm^2，湿地附属区绿化修复面积 6.83hm^2，含湿地大门、瞭望平台、附属区道路铺装等绿化修复设施。

4. 配套设施

建设内容主要包括新建湿地引水涵闸及提升泵 1 座；湿地配水控制闸 2 座；潜流湿地退水闸 1 座；湿地净化区雨洪控制闸 1 座；水量计量设施 1 套；在线水质监测系统 2 套；自控系统 1 套；新增箱式变压器 1 处，容量 200kVA。

此外，工程还配套建设了科普教育、宣传展示设施，使其成为集水质净化及科教展示等多功能于一体的人工湿地科普教育基地。

7.2　工程建设对可持续发展的贡献分析

多年来，尽管开展了大量的水质改善与保护工作，但妫水河入官厅水库水质仍然较差，尤其是氮、磷营养盐含量较高。长期不达

标水体的输入，加重了官厅水库水体污染，难以满足官厅水库水源
地的功能要求，也不利于永定河流域水质改善及生态环境恢复。官
厅水库妫水河入库口水质净化湿地工程（图 7.1）是《永定河方案》
明确要求实施的工程。在湿地系统中，利用水生植物对河水中悬浮
物及营养元素进行吸附、截留沉降，通过水体微生物和土壤微生物
对有机质进行消化分解，并由植物体吸收净化，最终去除污染物，
达到净化水质目的。通过人工湿地的截污处理，使入库河流污染负
荷得以削减，同时可达到恢复河流沿岸生态系统、物种多样性和景
观多样性的目的，提高其生态服务功能，最终实现保护官厅水库水
源地、促进生态系统良性循环、促进水源地恢复的效果。

图 7.1　官厅水库妫水河入库口水质净化湿地工程全景

官厅水库妫水河入库口水质净化湿地工程具有明显的环境效益、
经济效益和社会效益，是促进"经济-社会-资源环境"相互关联的
可持续发展目标在流域治理中落实的具体举措，尤其与 SDG 6 关系
最为密切，对于达成"为所有人提供水和环境卫生并对其进行可持
续管理""保护、恢复和促进可持续利用陆地生态系统，可持续地管

理森林，防治荒漠化，制止和扭转土地退化，遏制生物多样性的丧失"等目标具有示范意义。基于 SDG 6 的具体部分，即饮用水、水环境、水资源、水管理和水生态分析该湿地工程的良好效益。

（1）饮用水。官厅水库在 2007 年 8 月被重新启用作为北京饮用水水源地，因此其水质改善对于保障首都饮用水安全至关重要。在官厅水库妫水河入库口建设水质净化湿地工程，利用水生植物对河水中悬浮物及营养元素进行吸附、截留沉降，通过水体微生物和土壤微生物对有机质进行消化分解，并由植物体吸收净化，最终去除污染物，达到净化水质目的。按照计划，项目每年净化来水 590 万 m^3，具备每年削减入库污染化学需氧量、总氮、总磷分别为 17.5t、5.9t、0.58t 能力，可有效改善官厅水库入库水质，促进官厅水库饮用水源地恢复，对维护区域生态安全和北京市的水资源安全具有重要的作用。

（2）水环境。根据最新的研究报道，流域上游来流水量及水质、区间污染源及河流湿地等自净作用是影响官厅水库入流水质的主要原因，其中：妫水河入流污染负荷对水库入流水质贡献率最大，丰枯水期氨氮、总磷和总氮的贡献率分别为 18.32% ～ 45.76%、9.31% ～ 31.17% 和 29.34% ～ 67.56%[71]。通过人工湿地的截污处理，使入库河流污染负荷得以削减，实现保护官厅水库水源地、促进生态系统良性循环、促进水源地恢复的效果，具有明显的环境效益、经济效益和社会效益。

（3）水资源。为恢复官厅水库饮用水水源功能，改善水库流域生态环境，国务院批复的《21 世纪初期首都水资源可持续利用规划》中提出"保护密云，挽救官厅"。2000 年以来，北京市委、市政府大力推进官厅水库水质改善，促进饮用水水源功能恢复，也是缓解首都水资源严重短缺的重要措施之一。为此，开始了一系列官厅水库水质改善技术研究和工程治理。官厅水库妫水河入库口水质净化湿地工程项目是《北京市永定河综合治理与生态修复总体方案》的重点实施内容。通过湿地工程建设改善官厅水库水质，提高水源地安全保障水平，使官厅水库成为京津冀协同发展的重要水资源支撑平台、生态安全屏障和生态文明建设典范，对推动水资源的可持续管理和保护，预防水污染和水的过度开采，同时推广可持续的水资源管理实践（SDG 6 目标之一）具有重要意义。

（4）水管理。随着人工湿地处理工程的建设和运行，妫水河入官厅水库水质逐渐得到改善，河岸带湿地景观逐渐形成，将大大提升当地居民的生活环境质量。同时妫水河人工湿地工程配套建设了展示和科普设施，具有较高的科研和教育价值，不仅可以提高人们的环境保护和节约用水意识，还可以为北方大型人工湿地建设项目提供可靠的实践经验。人工湿地具有投资低、操作简单、维护和运行费用低廉等优点，在处理了河水的同时，可以选择既有吸附作用又有经济价值的植物进行种植，定期收割，增加额外的收益。适当建设科普教育、宣传展示设施，使其成为集水质净化及科教展示等多功能于一体的人工湿地科普教育基地。

（5）水生态。官厅水库营养盐浓度高、富营养化明显，2000—2004 年，官厅水库富营养化指数基本介于 30～50 之间，水体处于中度富营养化状态，2004 年以来，受上游来水水量减小及污染排放影响，官厅水库水体呈现富营养化状态。官厅水库水生生物多样性降低，物种门类以及种类数量逐年减少，优势物种中的耐污染种类也逐年减少，水生态系统退化趋势显著。以官厅水库浮游植物和底栖动物物种数变化趋势为例，浮游植物优势门类从建库初期的硅藻门逐渐演变为绿藻门、蓝藻门，物种数量也有减少的趋势。底栖动物物种多样性单一，且优势物种中以典型富营养化水体指示生物为优势种群，水体水生态系统已处退化状态。官厅水库妫水河入库口水质净化湿地工程的主要任务是通过水质净化湿地工程建设，截流净化妫水河入库来水，削减官厅水库入库污染物负荷；实现湿地系统进出水主要水质指标（BOD_5、COD_{Mn}、$NH_3 - N$、TN、TP）去除率不小于 33.4%，出水水质达到或优于地表水环境质量标准（河道）Ⅲ类标准限值；进而促进库区水质改善、水生态系统健康可持续发展，也有利于妫水河入库口水生态系统恢复及水体自净能力提升，促进官厅水库生态系统的恢复和保护。

第8章 流域治理宣传推广

8.1 概况

人多水少、水资源时空分布不均是我国的基本水情，水资源短缺已经成为经济社会发展面临的严重安全问题。习近平总书记明确提出"节水优先、空间均衡、系统治理、两手发力"的治水思路，就保障国家水安全、推动长江经济带发展、黄河流域生态保护和高质量发展等发表了一系列重要讲话，为新时代治水兴水提供了科学指南和根本遵循。党中央统筹推进水灾害防治、水资源节约、水生态保护修复、水环境治理，治水兴水取得了举世瞩目的辉煌成就。我们以占全球6％的淡水、9％的耕地，解决了约占全球20％人口的吃饭问题，支撑了经济社会可持续发展，为全面建成小康社会奠定了坚实基础。

流域是兼具自然地理空间、社会空间、政治行政空间的复合空间系统，由此衍生出流域水资源利用、保护、治理多目标、多冲突的利益诉求。流域治理贯穿经济社会发展全过程、各领域，是涉及千家万户的社会性工作、系统性工程，需要全社会成员共同行动、群策群力。近年来，专家学者们围绕流域治理创新，从理念创新、模式创新、方法创新、技术创新等不同的维度开展研究，通过相关会议论坛交流观点、碰撞思想，共同为流域治理事业贡献智慧力量，有力促进了流域治理能力提升。

8.2 永定河论坛

为推动永定河治理工作全面展开，搭建流域绿色发展与合作交流平台，在国家发展改革委、水利部、国家林业和草原局、国家开发银行以及京、津、冀、晋四省（直辖市）和中交集团大力支持下，永定河流域投资有限公司联合中咨海外咨询有限公司举办永定河论坛。该论坛是我国创新流域治理机制的标志性品牌活动，对深化一体化治理思路，开展上下游交流合作，促进流域高质量发展，加快京津冀协同发展具有重要的平台和示范作用。

8.2.1 首届永定河论坛

2019 年 11 月，首届永定河论坛在北京门头沟永定河畔举办，以"流域综合治理与生态修复"为主题，着眼新形势下河湖系统治理的新思路新理念，聚焦"河长制"与流域投资公司关系定位，以理论为指导，实践为基础，文化为传承，分享交流国内流域综合治理的创新成果，设有主论坛和流域生态修复技术与实践、投融资、产业发展、历史文化四个分论坛。论坛邀请了相关政府部门、研究机构等 500 多位领导、专家出席，围绕流域治理模式成果交流、投融资策略路径研讨、产业资源链优化整合、流域历史文化传承等领域，开展了多元化、多角度、全方位的交流研讨。

主论坛首先回顾了永定河历史问题和《永定河方案》编制背景，指出永定河按照"以流域为整体、以区域为单元、山区保护、平原修复"的原则，围绕上游水源涵养区、平原城市段、平原郊野段、滨海段等 4 个区段，分别采取不同的治理与修复措施，目标是到 2025 年，基本建成永定河绿色生态河流廊道，逐步将永定河恢复为"流动的河、绿色的河、清洁的河、安全的河"，将永定河打造为贯穿京津冀晋的绿色生态河流廊道。《永定河方案》共提出五项重点治理措施：水资源节约与生态用水配置，河道综合整治与修复，水源涵养与生态建设，水环境治理与保护，水资源监控体系建设。同时，在流域机构综合管理与协同治理上，提出四项流域管理措施：强化流域水资源统一管理，加强河湖空间用途管控，推进水权和林权制度改革，完善流域协同治理机制。方案实施以来，河道整治、农业节水等工程项目有序开展，先后成立了部省协调领导小组、组建了永定河流域投资有限公司、签订了生态用水保障合作协议、开展了河湖清四乱整治行动，取得了一定成效。

流域生态修复技术与实践分论坛对永定河流域治理实践具有重要指导意义。分论坛以"弘扬生态治理理念、推动技术创新实践"为主题，旨在秉承创新、协调、绿色、开放、共享的发展理念和习近平总书记"节水优先、空间均衡、系统治理、两手发力"治水思路，进一步推动永定河生态治理技术的创新与实践。通过对国家政策解读、现有技术运用、实践成果剖析，分析当前流域生态修复的痛点和难点，为永定河流域综合治理与生态修复提供理论指导、政策指引和技术支撑。与会专家指出治理永定河重在保护，要在治理。要坚持山水林田湖草综合治理、系统治理、源头治理，坚持以水而定、量水而行，因地制宜，分类施策，坚持上下游、干支流、左右岸统筹谋划，在实践中进一步丰富和完善生态修复技术，筑强永定河生态本底，为流域生态修复技术在国内的集成应用和创新提供广阔的空间。永定河流域投资有限公司将继续探索创新，努力打造流域生态修复技术的样本，奋力开创全国流域高质量发展先河。分论坛强调流域综合治理具有综合性、复杂性、阶段性特征，是生态文明建设的重要领域，是落实习近平总书记"节水优先、空间均衡、系统治理、两手发力"治水思路的重要载体和综合体现。"节水优先"是流域综合治理的前提条件。要根据不同流域区域的特点，落实在不同水资源条件下节水优先的理念，从节能减排的实践经验中找到符合流域区域节水的正确思路和方式，并在实践中不断深化节水宣传教育，营造良好的社会氛围。"空间均衡"是流域综合治理的根本原则。要把水资源承载能力作为流域可持续发展的外部边界条件，把实现流域内主要资源承载能力间的动态平衡作为流域可持续发展的综合约束条件，把人水和谐作为流域实现空间均衡的最终目标。"系统治理"是流域综合治理的方向指南。流域治理要做到水岸同治，统筹山水林田湖草治理；要做到部门协同，统筹发挥各方合力；同时要强化整体综合治理，统筹流域水体全方位整治。"两手发力"是流域综合治理的必由之路。要做到两手发力，首先要转变政府职能，履行好政府相关职责，同时应当建立和完善市场机制，使其能够有效调节涉水活动，并且应当积极引导社会资本参与流域综合治理建设。分论坛同时指出应加快建立永定河流域水质水量生态补偿机制。目前永定河流域面临水资源禀赋差、水环境承载能力低、生态系统严重退化、生态空间不足等诸多问题。通过明确永定河流域的水生态分区，制定流域水环境容量与总量分配方案，开展水环境承载力评估调控以实现水资源水环境综合调控，并提出跨省界的水质水量生态补偿机制方案建议。下一步，可制定跨界水质水量生态补偿框架，以来水水量为主要补偿因子，以来水质状况为调节因子；以上下游共商共建共赢为前提，以改善入库水质、维护上游不同类型生态功能、生态服务为宗旨，明确补偿资金核算依据，明确各方投入及权责分配。最后，希望通过创建永定河治理模式，为海河流域其他子流域治理提供借鉴。论坛在《中国水利》期刊发表题为《永定河健康评估指标体系及标准研究》的交流论文[72]，论文以永定河"流动的河、绿色的河、清洁的河、安全的河"治理恢复目标为准则，选取流量过程变异程度、生态水量保障程度、河岸带植被覆盖度、浮游植物污生指数、溶解氧、高锰酸盐指数、堤防达标率等15个指标构建了永定河健康评估指标体系，并参考国内外相关研究成果以及有关的技术规范和标准，划分了指标等级、确定了标准值。通过收集各类数据对各项指标进行了评估分级。指出永定河健康面临的问题主要体现在三个方面：

（1）水资源量减少，下游河段生态水量严重不足。根据实测水文数据，在永定河三家店断面以下常年缺水，特别是卢沟桥河段以下几乎全年干涸。

（2）河流连通性较差，闸坝生态调度有待加强。永定河系有众多水库大坝、水闸、拦河坝和橡胶坝，使整个河系水体连通性较差，阻止了鱼类等生物的洄游等行为。

（3）水生动物多样性不高。本次调查显示，永定河系野生鱼类物种多样性与以往调查结果相比明显下降，河道受水体污染及人工干扰影响，野生鱼类种类少，且数量较少。针对问题提出措施建议：一是采取恢复生态基流措施，统一调度水资源，恢复生态基流，保持河流连续性，并在鱼类等水生生物的索饵、产卵洄游期间，创造通道，用以增加河流的水生生物多样性状况。二是加强流域节水管理，量水而行。在各项社会发展规划中，充分考虑当地水资源条件，适时调整经济布局和产业结构。实行总量控制、定额管理，促进水资源的节约和保护。三是要严格防治水污染，控制污染物排放总量。污染治理要由末端处理改为源头控制，实行总量控制，加强对入河排污口的管理，不达标禁止排放。

8.2.2　第二届永定河论坛

第二届永定河论坛 2020 年 11 月 21 日在北京举行。以"开拓创新 助推永定河流域高质量发展"为主题的本届论坛旨在全面落实党中央、国务院关于流域综合治理的指示精神，进一步探索永定河治理模式，打造全国流域治理的"永定河样本"。论坛由国家发展和改革委员会、水利部、国务院发展研究中心、国家林业和草原局、国家开发银行，京津冀晋地区人民政府和中国交通建设集团指导，永定河流域投资有限公司等单位联合主办。来自国家相关部委领导与专家、地方政府代表、金融机构代表、重点企业代表、各级智库代表等约 300 人出席论坛。会议指出，永定河综合治理与生态修复，一是创新治理模式和生态补水机制，积极探索流域治理的新经验；二是坚持节水优先，生态优先，流域治理取得新进展；三是加强综合治理，协同联动，流域治理水平得到新提升。采用公司化运作模式是推动永定河治理的关键之举，是流域协同治理的重大制度创新。

论坛指出"虽然永定河综合治理与生态修复取得的成效受到了各方肯定，但打造永定河绿色生态廊道还需要持续地发力"。永定河治理和建设问题，既非一日之功，也非一地之责，迫切需要从推动生态文明高质量发展的视角，从加快美丽中国建设的高度，持续系统地提升永定河治理能力与水平，真正让永定河成为造福京津冀晋蒙数千万人民的安澜之河、幸福之河、美丽之河。"十四五"时期将是永定河综合治理与生态修复向纵深推进，成效巩固和拓展提升的重要时期。国家发展改革委原副秘书长苏伟建议：一是多措并举，增加水源，争取早日实现全线通水的目标；二是切实提高农业节水能力，建设绿色生态河流廊道；三是充分发挥公司的作用，不断巩固协同治理的格局；四是优化产业空间布局，促进全流域高质量发展。中国工程院院士张建云认为，永定河流域生态补偿机制是流域协同治理机制的重要内容，对形成共建共享共赢的流域治理新格局具有重要意义。他建议，一是按照"谁补水谁收费、谁耗水谁付费"的原则，鼓励沿线利用多种水源向永定河补充优质生态用水，并坚持"水量为主，量质兼顾"。二是探索从单一补偿拓展为上下游地区对口协作、产业转移、人才培训、共建园区等补偿方式。以流域公司作为合作平台，建立绿色发展基金，支持产业导入、人才引进、就业带动等多种补偿方式。三是在永定河开展财政性资金购买生态价值试点，吸引更多社会资本参与生态保护和修复工作。

第二届永定河论坛在首届论坛丰硕成果的基础上，充分发挥永定河综合治理与生态修复部省协调领导小组的重要作用以及高端智库平台优势，为相关部门科学决策提供智力支持，进一步助力永定河流域高质量发展。论坛围绕"以一体化思路提高政策协同，促进流域高质量发展"以及"加大技术资本支持力度 培育永定河经济增长新动能"进行主题研讨和战略对话，并发布《永定河流域发展报告（2020）》《永定河流域治理模式的优化研究与政策建议》《以市场化推进流域治理一体化实践与探索研究》三项研究成果。

会上，题为"展现流域机构新作为全力推进永定河综合治理与生态修复"的主题演讲系统总结介绍了水利部海河水利委员会作为流域机构在永定河综合治理与生态修复中的重要举措及工作成效。

自《永定河方案》印发实施以来，在部省协调领导小组的组织推动下，水利部海河水利委员会积极推进《永定河方案》落实，流域各方齐心协力，政府与市场两手发力，上下游、左右岸协同推进，综合治理和生态修复成效逐渐显现。水利部海河水利委员会积极协调推进生态水量统一调度和管理。2018 年 12 月，会同京津冀晋四省（直辖市）水利（水务）厅（局）、永定河流域投资有限公司，共同签订了《永定河生态用水保障合作协议》，开启了流域协同管理、共同保障河流生态用水的新局面，为切实保障永定河生态用水奠定了基础。2019 年，组织编制了《永定河流域农业节水工程实施推进方案》，坚持节水优先，坚持以水定地、以水定产，充分发挥水资源的最大刚性约束作用，强化永定河生态水源保障。水利部海河水利委员会紧紧围绕《永定河方案》的治理目标，充分发挥流域机构作用，严格落实《水利部办公厅、国家发展改革委办公厅关于做好永定河综合治理与生态修复河道综合整治前期工作的通知》要求，全面审核河道综合整治项目设计方案的科学性，严禁侵占河道行洪断面，维持河流自然形态，严格控制景观蓄水工程及规模，避免刻意营造大水面。全面落实河长制湖长制是推进永定河生态文明建设和绿色发展理念落地生根的重要抓手。水利部海河水利委员会积极推动河湖长制实施，保障管理能力提升。流域已建立了完善的河长制湖长制体系，干流、支流和重要水库分级分段设置省、市、县、乡四级河长 456 名，村级河长 1200 余名，实现了河湖水域河长全覆盖，构建了责任明确、协调有序、监管严格、保障有力的河湖管理保护机制，对永定河水资源保护、水污染防治、水环境改善、水生态修复具有十分重要的意义。智慧永定河是智慧水利在海河流域的先行试点，是实现永定河水利现代化管理的有力支撑。水利部海河水利委员会已全面启动永定河水资源实时监控与调度系统建设，建立全覆盖全要素的监测体系，实现数据资源的全面汇集共享。基于在线模型的实时调度决策，实现三维技术支持下的生态水量调度精细化管理。下一步，水利部海河水利委员会将以智慧永定河为示范，结合智慧水利永定河方案要求，整体推进智慧海河顶层设计，大力提升解决流域水问题的智能化、现代化水平。

8.3 海峡两岸水利科技交流研讨会

海峡两岸水利科技交流研讨会是海峡两岸水利界一年一度的定期交流机制，由两岸水利界共同创办，在大陆和台湾地区轮流召开，自 1995 年来已成功举办 27 届。研讨会聚焦大陆和台湾地区共同关切，汇聚两岸专家开展交流、分享经验，已成为两岸水利界互相学习、互通信息、增进友谊、共同进步的重要平台。第 26 届海峡两岸水利科技交流研讨会于 2022 年 11 月 28 日以线上线下结合方式举办，本届研讨会聚焦探讨水安全、绿色发展、智慧水利等共同关注议题。

会议介绍了永定河综合治理与生态修复实施成效，并对未来工作做了展望。永定河流域在生态水量调度、生态系统质量、防洪薄弱环节治理、流域协同治理等方面取得良好生态效益和社会效益。进入新发展阶段，对标水利高质量发展的目标和实施路径，永定河综合治理与生态修复需要在水资源集约节约利用、水资源优化配置、河湖生态保护治理、水旱灾害防御、管理体制机制等方面进一步提升治理水平。

通过完善流域水资源配置工程体系，不断强化流域生态水量统一调度，实现当地水、再生水、引黄水和引江水"四水统筹"，官厅水库、册田水库、友谊水库、东榆林水库、洋河水库、镇子梁水库和壶流河水库"七库联调"。2021年实现26年来首次865km河道全线通水入海，有效保障了北京冬奥会、冬残奥会生态用水需求，阶段性完成"流动的河"目标。通过"治理、恢复、涵养、提升"，山水林田湖草沙综合治理、系统治理、源头治理，河湖生态系统质量明显改善。水源涵养能力明显增强，"绿色的河""清洁的河"建设效果明显，绿色生态河流廊道初步建成。开展永定河及桑干河、洋河防洪薄弱环节治理，"安全的河"目标建设稳步推进，有效保障了流域大中城市、国家重大基础设施及新机场临空经济区防洪排涝安全。国家相关部门单位和京津冀晋地区人民政府联合建立工作推进机制，统筹研究和协调解决方案实施过程中的重大问题，推动工作落实。统筹推动流域上下游、左右岸、干支流的协同治理、统一治理，组织签订《永定河生态用水保障合作协议》，强化流域生态水量统一调度，加强河湖空间统一管理。坚持两手发力，探索以投资主体一体化带动流域治理一体化。京津冀晋地区人民政府和战略投资方共同出资组建永定河流域投资有限公司，由公司统筹负责流域治理项目实施和投融资运作，在政银企合作机制、投融资机制、农业节水机制、运营管理机制等方面不断改革创新，深化以永定河综合治理任务为一体，以工程规划建设运维和资源汇聚开发经营为两翼的"一体两翼"战略实施，公司有序快速发展。形成了共商、共建、共治、共享的流域综合治理"永定河样本"。

新阶段水利工作的主题为推动高质量发展。推动新阶段水利高质量发展，根本目的是满足人民日益增长的美好生活需要。要围绕全面提升国家水安全保障能力这一总体目标，全面提升水旱灾害防御能力、水资源集约节约利用能力、水资源优化配置能力、大江大河大湖生态保护治理能力，为全面建设社会主义现代化国家提供有力的水安全保障。对标新阶段水利高质量发展的新要求，促进人与自然和谐共生对建设绿色生态河流廊道提出了新的更高要求，落实"四水四定"对推进流域水资源集约节约利用提出了新的更高要求，落实"两个坚持""三个转变"对建设安全的河提出了新的更高要求，强化流域治理管理对完善水治理体制机制提出了新的更高要求。提升流域水资源集约节约利用能力，加快农业节水改造，推进再生水利用，继续做好地下水压采工作；提升流域水资源优化配置能力，进一步提升山西省引黄北干线生态补水能力和保障水平，新建河北省廊坊市永定河水系连通工程，建设支流间区域内连通互济工程；加强河湖生态保护治理，上游加强水源涵养与生态建设，继续开展河道生态修复，推进河道防护林和湿地公园建设；开展水源地修复保护工程、清洁小流域建设，推进城镇污水治理和入河排污口整治；提升水旱灾害防御能力，构建数字孪生平台，打造"2＋N"智慧应用体系，初步建成具有"预报、预警、预演、预案"功能的数字孪生永定河。为提升管理体制机制，强化流域水资源统一管理，强化水资源的刚性约束，加强生态水量统一调度，完善永定河流域水权交易机制；强化流域河湖空间管理，充分发挥河湖长制作用，完善流域机构＋省级河长办协作机制，推行流域区域联防联控联治等，加强河湖空间用途管控，落实永定河水域岸线空间分区分类管控要求；完善流域协同治理机制，完善区域互动合作机制水利部海河水利委员会强化流域管理机构职能，深入推进永定河流域四个统一工作，完善公司化治理模式，将公司打造成多目标管理、多水源交易、多资源运营和多要素调度平台，完善流域生态环境导向开发机制，实现"绿水青山"与"金山银山"的价值转化。

8.4　中国水生态大会

为进一步探索水生态修复、水环境保护与治理新模式，深入落实"节水优先、空间均衡、系统治理、两手发力"治水思路，聚焦热点和突出问题，持续改善水环境、修复水生态，促进经济社会高质量发展，"2021 第九届中国水生态大会"于 2021 年 10 月 15—17 日召开，会议主题为"协同共治 构建河湖生态新格局"。全国相关领导和专家，相关省（区）水利厅（局），河（湖）长制办公室代表，各地从事水环境综合治理规划设计、水科学研究和咨询服务机构代表，优秀论文作者以及河湖生态治理与修复技术成果持有的企事业单位代表等共计约 200 人出席会议。

会上进行了"基于优化配置的永定河水量分析及生态修复关键环节探讨"的报告。永定河是京津冀晋蒙生态文明建设的重要载体，为推动永定河生态修复，实现永定河流域高质量发展，采用 Tennant 法并考虑敏感期脉冲水量提出永定河主要控制站基本生态环绕需水量和需水月过程；采用下垫面一致性修正后的 1980—2016 年水文系列，利用水资源调配模型进行长系列水资源供需分析调算，提出统筹考虑经济社会发展用水、河道内生态环境用水需求的水资源配置方案；结合分析成果，针对保障生态水量的"节""补""调度"三个关键环节提出建议，为治理和修复永定河提供参考。

（1）"节"。节水是保障永定河生态水量的关键，张家口市万全、怀安等农业用地基本为重要产粮区，在保证粮食产量的同时增加节水量使得退灌措施在推行上有一定难度，因此应慎重选择退灌还水对象。

（2）"补"。一方面应加强引黄输水期间的巡查监管，另一方面考虑通过建设桑干河—洋河联通工程，开辟引黄向洋河输水线路，提高洋河生态水量保障程度。

（3）"调度"。汛期 6—9 月河道生态水量缺口大，是鱼类产卵期，所需生态水量较大，应加强流域上下游统一调度管理，考虑生态水量目标优化水库调度规则，汛期在满足防汛安全的前提下，尽量增加下泄水量，保障河道内生态用水需求。

8.5　京冀水源保护交流会

为落实北京市委市政府工作部署，进一步推进官厅水库恢复饮用水源功能，延庆区政府以"携手绿色发展 共护一泓碧水"为主题，举办官厅水库京冀一体化保护交流会活动，与京冀其他市区县及部门协同水源保护、共谋绿色发展，推进京冀协同发展新篇章。活动邀请了 5 位专家作了主题发言，聚焦强化水源保护责任，创新水源保护举措，统筹推动水灾害防治、水资源节约、水生态保护修复、水环境治理，全力护好密云水库、官厅水库"两盆净水"，保障首都水源安全。

会上，专家围绕生态水量配置及保障、生态水量调度及成效、下一步工作展望，做了题为"永定河生态水量配置和调度实施进展及展望"的汇报交流。

针对永定河水文特性、水资源状况和生态调查，选择水文学、水力学、栖息地模型等方法，核算各生态系统功能对应的生态流量组分，综合确定永定河上下游生态需水量，对官厅水库以上和以下计算得到两组数值。按照节水优先及构建生态水网的思路配置生态水量，官厅水库以上通过引黄补水，解决石匣里控制站和官厅水库的枯水年生态缺水问题；官厅水库以下通过当地水、外调水、再生水统筹，达到 4.6 亿 m³ 生态需水量目标。永定河生态水量调度目标是实现全线通水（有水）入海，流动的河。基于前期工作，目前已基本完成"流动的河"目标，通过不断强化流域生态水量统一调度，实现当地水、再生水、引黄水和引江水"四水统筹"，官厅水库、册田水库、友谊水库、东榆林水库、洋河水库"五库联调"；河湖生态系统质量明显改善，平原区地下水水位较治理初期 2017 年 1 月平均回升 3.4m，重点河段岸滨带和滩地植被覆盖面积 288.3km²，河流水质明显改善，Ⅲ类及以上河长由 34% 增加到 95%，劣 V 类河长基本消除。永定河累计调查发现高等植物 424 种、鱼类 51 种，官厅水库鸟类达到 360 余种，湿地鸟类种群数量逐年增加，黑鹳、丹顶鹤、蓑羽鹤等多种珍稀鸟类重现永定河和官厅水库。

会议建议今后针对永定河流域将进一步开展以下工作：一是开展永定河流域生态流量研究。按照河道水流贯通、重要水生态指示物种用水及游荡性河段主槽塑造需求，细化永定河关键控制断面生态流量目标，促进生物多样性恢复。二是完善永定河生态补水长效机制。制定永定河水量调度管理办法，推动流域水资源配置和调度制度化、法治化。继续落实《永定河生态用水保障合作协议》，制定并签订永定河官厅水库以下生态补水费用分摊方案，成本共担、效益共享、合作共治。三是加快完善永定河生态水网体系。进一步提升永定河上下游生态补水能力和保障水平。四是推动官厅水库恢复战略水源地功能。开展官厅水库"清淤、加固、截污、调水、管理"系统治理，实施水库库滨带治理、水源保障及净化工程，开展库区试验性清淤整治，启动恢复官厅水库战略水源地功能规划研究，提升官厅水库水质，逐步恢复官厅水库水源地功能。

第9章 永定河可持续发展长效机制对策分析

当前，我国正经历着复杂的经济社会转型，纵横交织的张力关系使得推进流域治理体系现代化的命题具有重大的历史意义。《中共中央关于制定国民经济和社会发展第十四个五年规划和二〇三五年远景目标的建议》提出"十四五"时期经济社会发展主要目标包括"生态文明建设实现新进步"，到2035年"生态环境根本好转，美丽中国建设目标基本实现"。山川秀美，关键在水。水生态环境是生态环境的基础和重要保障，水生态文明是生态文明的核心内容。

永定河是首都北京的母亲河，是推进京津冀协同发展战略实施的生态廊道，也是国家水网建设骨干水资源配置通道，其战略地位和功能作用极其重要。近年来，经过各方共同努力，永定河流域河道生态水量得到基本保障，河湖生态系统质量明显改善，水旱灾害防御能力稳步提高，流域协同治理能力明显提升，有力推动了可持续发展目标在流域治理中的落实。围绕形成永定河流域治理管理现代化和可持续发展长效机制，从SDG 6的各个方面分别提出如下对策建议[73,74]。

9.1 持续提升饮水安全保障水平

饮用水的质量对人们的健康、生产和社会经济发展等方面都具有重要影响。保障所有人获得安全的饮用水是 SDG 6 的核心目标之一。结合《海河流域"十四五"水生态环境保护规划》相关内容，建议从以下三个方面持续提升饮水安全保障水平。

（1）持续推进农村饮用水水源保护。强化饮用水水源地保护区内环境问题整治，因地制宜逐步推进农村地区饮用水水源地环境问题排查整治工作，实施保护区内生活污水和垃圾集中处理处置，减少对河湖污染；通过发展有机农业、实施测土配方施肥、治理畜禽养殖污染、建设生态隔离缓冲带等措施防治农业面源污染；规范流域内饮用水水源地保护区宣传牌、界碑、界桩、交通警示牌等标志标识的设立，营造良好饮用水水源地保护氛围[75]。

（2）加强饮用水源地新型污染物管理。饮用水源地检出的新型污染物不断涌现，区域水生态、人体健康和饮用水安全存在风险，发现饮用水中存在标准外的农药、高氯酸盐、全氟化合物、亚硝胺类、内分泌干扰物、抗生素等新型污染物，而现阶段《地表水环境质量标准》（GB 3838—2002）对有毒有机物、新污染物缺少关注。为此，建议《地表水环境质量标准》修订时污染物项目突出抗生素、激素等项目的标准设定，并对风险较大的物质列出优先污染物和优先危害物质清单，满足水生态环境系统综合治理和精细化管理的需求。同时，全面加强湖库型水源源头、水处理、供给过程到水龙头的水质监控，协调水利、生态环境、卫生、住房和城乡建设等不同

184

管理部门，构建基于大数据融合的"从源头到龙头"全过程水质实时一体化、智慧化管理平台。

（3）持续提升应急保障能力。农村饮用水水源受农业面源污染、生活污染、垃圾污染等影响，存在突发性安全隐患。因此，建议加强水华突发、极端气候事件下应急备用水源与管网建设，形成有效的水源地应急预案与应急演练制度，做到科学调度、稳定供水，提高饮用水安全应急保障能力。

9.2 全面改善河湖水环境质量

经过一系列推动可持续发展目标达成的举措实施，永定河流域水环境持续改善。与 2016 年相比，2022 年永定河流域河流水质、国控断面达标率和重要水库营养状态整体好转，但仍有部分断面未达标，官厅水库受氟化物影响，水质为 Ⅳ 类，且处于中营养状态，册田水库和友谊水库处于轻度富营养状态，治理成效有待进一步巩固。为此，提出如下建议：

（1）强化入河排污口管理。入河排污口是流域生态环境保护的重要节点，流域水生态环境污染问题看似在水里，根子却在岸上，入河排污口是打通水里和岸上的关键环节。关键环节管理的好坏，直接关系到流域水生态环境质量与安全。建议进一步强化入河排污口排查、溯源，精准识别并分析污染排放问题及成因，精准、科学、依法治污，全面深化工业、城镇、农业农村污染治理，保障永定河流域水环境质量持续改善。

（2）推进黑臭水体治理。过度的污染导致水体发黑发臭，形成城市黑臭水体，黑臭河道完全丧失使用功能、影响景观以及人类生活和健康。截至 2022 年年底，全国地级及以上城市黑臭水体基本消除，县级城市黑臭水体消除比例达到 40%。为持续推进黑臭水体治理，建议将县级及以上城市建成区、直接影响城市建成区黑臭水体治理成效的城乡结合部，以及城市实际开发建设区域，均纳入城市黑臭水体整治环境保护行动工作范围，实现城市黑臭水体整治监管无死角、全覆盖，并建立黑臭水体问题清单，对清单内的黑臭水体科学制定系统化整治方案，扎实开展整治❶。

（3）开展农村环境综合整治：①通过逐步普及农村卫生厕所、提高改厕质量和加强厕所粪污无害化处理与资源化利用扎实推进农村"厕所革命"；②以资源化利用、可持续治理为导向，选择符合农村实际的生活污水治理技术，优先推广运行费用低、管护简便的治理技术，鼓励居住分散地区探索采用人工湿地、土壤渗滤等生态处理技术，积极推进农村生活污水资源化利用；③加快推进农村生活垃圾源头分类减量；推动农村可回收垃圾资源化利用、易腐烂垃圾和煤渣灰土就地就近消纳、有毒有害垃圾单独收集储存和处置，协同推进农村有机生活垃圾、厕所粪污、农业生产有机废弃物资源化处理利用，协同推进废旧农膜、农药肥料包装废弃物回收处理；④通过改善村庄公共环境、推进乡村绿化美化、加强乡村风貌引导推动村容村貌整体提升❷。

---

❶ 生态环境部. 关于进一步做好黑臭水体整治环境保护工作的通知. 北京，2023.

❷ 中共中央办公厅，国务院办公厅. 农村人居环境整治提升五年行动方案（2021—2025 年）北京，2021.

9.3　不断加强水资源节约利用

在 SDG 6 中，水资源是实现可持续发展目标的核心之一，具有非常重要的意义。水资源短缺会导致粮食、能源、工业和城市供水等多个领域的发展受到限制。新一轮永定河综合治理与生态修复实施以来，阶段性成果明显，流域断面流量显著增大，河道通水天数逐年增加，生态水量和出境与入海水量显著提高，流域森林覆盖度提升，水源涵养能力明显增强，山区生态安全屏障作用逐渐显现，平原绿色生态走廊景观初步实现，永定河生态系统得到有效恢复。但永定河所在的京津冀地区极度缺水，需要持续采取有力措施促进水资源高效利用。

一是完善省界断面监测体系，尽可能设置齐全水文水资源监测站，精准掌握来水和出流，监测数据统一汇交流域管理机构并实现充分共享，扎实提升流域水资源监控和管理能力。实施官厅水库上游桑干河、洋河取水口门监控工程，实现河道沿线取水口门监控全覆盖，取水口监测计量全覆盖，整体提升流域水资源监测管理能力。

二是对照《地下水管理条例》，全面审视地下水开发利用管理活动合法性，系统推进永定河平原河道周边区县地下水超采治理，进一步压减上游山西、河北相关地区地下水超采量，通过生态补水加强地下水回补。加强山西朔州神头泉、北京西山陈家庄等泉域的修复和复涌。

三是进一步强化上游地区农业节水管理。创新建设运行体制机制，制定推进永定河农业长效节水机制实施方案，有序安排永定河流域农业节水项目实施。全面复核并合理确定大中型灌区取水许可量，实现桑干河、洋河沿线取水许可全覆盖，实现大中型灌区渠首取水口在线计量。推动建立农业用水监督管理协调机制，健全上游地区节水考核奖励机制。

9.4 深入推进水生态保护修复

SDG 6 目标是到 2030 年实现可持续水资源管理，其中一个关键指标就是保护和恢复水生态系统，包括湿地、河流、湖泊和山区水源地的保护。河道内维持适宜的生态水量是永定河恢复成为绿色的河的重要前提。2022 年，永定河官厅水库以下生态水量 5.2 亿 m^3，三家店至屈家店 146km 维持流动 123 天，有水时间 195 天，实现了 3～5 个月全线流动的目标。对于永定河这种水资源开发利用程度比较高的河流，如何更好保障河道内生态水量，协调河道内外用水关系是永定河修复的关键环节，为此，提出永定河通过保障河道内生态水量，进而保护和恢复水生态系统助力 2030 年可持续水资源管理实现的机制对策。

1. 进一步强化河道内生态水量保障，保护和恢复水生态系统

（1）"节"。节水是保障永定河生态水量的关键，永定河山区农业是节水的重点，《永定河方案》提出了河北张家口实施退灌还水 2.3 万 hm^2 的农业节水措施，而张家口市的万全、怀安等农业用地基本为重点产粮区，在保证粮食产量的同时增加节水量使得退灌措施在推行上有一定的难度，因此，应慎重选择退灌还水的对象，此外，永定河上游灌区内普遍存在计量设施不足现

象，干渠以下渠道基本没有量水设施，应增加计量设施的覆盖率，便于精细化控制节水。

（2）"补"。一方面，万家寨引黄补水是永定河河道内生态用水的重要水源，经测算，若无引黄补水，官厅水库控制站95％来水频率下河道内生态水量仅有1.30亿 m^3，满足程度不足55％。2019年，万家寨引黄北干线开始向永定河补水，补水期间发现有沿途偷水现象存在，影响输水效率，因此，应加强输水期间的巡查监管。另一方面，洋河只能靠节水增加河道生态水量，保障程度较低，未来可考虑通过建设桑干河-洋河联通工程，开辟引黄向洋河输水线路，提供生态水量保障程度。

（3）"调度"。从各控制站生态水量月过程来看，汛期河6—9月河道内生态水量缺口较大，但该时段又是永定河鱼类产卵期，所需生态水量较大。因此，建议进一步加强流域上下游统一调度管理，考虑生态水量目标优化水库调度规则，汛期在满足防汛安全的前提下，尽量增加下泄水量，保障河道内生态用水需求。

2. 完善水生态健康的监测技术和评价方法

世界各国逐步建立适合本土的水生态健康的监测技术和评价方法，这些评价方法已纳入国家的流域评价、监测计划和法规中。目前，我国水生态健康研究侧重于具体流域的评价方面，主要集中在评价指标、评价方法以及尺度范围3个层面。我国已经发布了一些国家和地方层面的水生态调查及健康评价标准及规范，积累了不少评价案例与基础数据，支撑我国在"十四五"期间对河湖的水体由"水环境质量评价"转变为"水生态系统健康评价"的水环境管理目标。在水生态健康评价技术方法研究和政策体系支持方面，提出以下建议：

（1）目前我国水生态健康评价体系中水生生物类群的指标体系比较单一，很难反映出流域水生态健康的综合状况。此外，还没有完全建立科学完整的水生态健康评价体系、技术与方法，如水生态评价指标量化识别、指标对环境变化敏感度分析、关键胁迫因子的识别等。因此，应建立不同尺度的区域水生态监测指标体系和评价体系，完善区域水体的水生态健康监测技术、评级体系及规范，为不同尺度水体的水生态健康评估和恢复提供技术支撑。

（2）针对不同水体环境，尤其是受损严重的水体，需要完善以水生态健康为目标的生态完整性监测与评价体系，建立水生态健康强制性的长期监管政策体系。此外，水生态完整性的评价结果服务于河湖的环境管理和保护，要结合流域水体的功能用途等实际情况对评价结果进行解读，以便环境管理者根据区域水生态健康的评价结果开展河湖水生态保护工作。

9.5 全面提升流域综合治理能力

近年来，经过各方共同努力，永定河综合治理与生态修复目标同向、思想同心、工作同步，"部委统筹、流域推动、省市负责、公司落实"的协同治理工作机制逐步形成，流域协同治理能力显著加强。以信息化手段助力永定河"流动的河、绿色的河、清洁的河、安全的河"目标实现，为数字孪生永定河及智慧永定河建设奠定了良好的基础。以进一步提升永定河水管理能力、促进永定河形成可持续发展长效机制为目标，提出如下对策建议：

（1）建立健全流域治理一体化模式。构建流域统筹、区域协同、部门联动的治理管理新格局，充分发挥流域管理机构作用，加强与地方有关部门、用水户等相关利益方的沟通协作。充分发挥永定河流域投资有限公司"投-建-管-运"一体化平台职能作用，建立健全以投资主体一体化带动流域治理一体化的治理模式，实现工程建设、资产运营、产业投资、农业发展、资本运作全生命周期管理。聚焦统筹协调的顶层设计，按照中央统筹、省负总责、市县抓落实的要求，明确流域协调机制的职责和组成，建立流域信息共享机制、地方协作机制、专家咨询委员会工作机制，进一步理顺在永定河保护过程中中央与地方、部门与部门、区域与区域之间的关系。

（2）推进数字孪生永定河建设。按照数字孪生流域、数字孪生水网、数字孪生水利工程顶层设计和技术规范要求，加强流域水文水资源监测和省界断面监测，加快构建气象卫星与测雨雷达、雨量站、水文站组成的雨水情监测"三道防线"，推进数据信息自动实时共享，进一步补充完善流域数据底板和水利专业模型，建设知识平台，实现对物理流域的实时监控、发现问题、优化调度。加强水利工程安全监测，加快推动官厅水库、屈家店枢纽、东榆林水库、友谊水库、册田水库以及万家寨引黄工程等的数字孪生水利工程建设，为科学精准调度水工程提供支持。加快构建流域防洪、水资源管理与调配等"2＋N"智能业务应用体系，强化预报预警预演预案功能，提升永定河流域治理管理数字化、网络化、智能化水平。

（3）强化科技支撑和永定河水文化建设。开展官厅水库恢复战略水源地功能、生物多样性保护恢复、水生态产品价值实现机制、水权交易及价格形成机制、多水源多目标多情景的水资源优化配置与综合调控等关键问题研究，强化科技创新支撑能力和引领能力。

科学确定永定河溯源原则，加快研究确定永定河河源。系统研究永定河文化发展脉络，加强永定河文化遗产资源保护，深入挖掘永定河历史文化、红色文化、生态文化、水文化的时代价值，保护好、传承好、利用好永定河文化。

（4）加强公众参与。通过加强科普，加大宣传力度，多渠道推广和普及水生态安全理念和实践，让水生态安全深入人心。

参 考 文 献

［1］ 江涛. 流域生态经济系统可持续发展机理研究［D］. 武汉：武汉理工大学，2005.

［2］ PEARCE D W，WARFORD J J. World Without End［M］. Boston：Oxford University Press，1992.

［3］ MEADOWS D，RANDERS J. Beyond the Limits［M］. USA：Chelsea Green Books，1992.

［4］ DALY H E. Beyond Growth［M］. Boston：Beacon Press，1996.

［5］ JOHN P. Energy and the Ecological Economics of Sustainability［M］. Island：Island Press，1992.

［6］ JANSSON A，HAMMER M，FOLKE C，et al. Investing in Natural Capital：The Ecological Economics Approachto Sustainability［M］. Island：Island Press，1994.

［7］ Word Commission on Environment and Development. Our Common Future［M］. Boston：Oxford University Press，1987.

［8］ 于慧. 联合国框架下的全球水治理研究［D］. 上海：华东师范大学，2019.

［9］ 姜付仁，刘树坤，陆吉康. 流域可持续发展的基本内涵［J］. 中国水利，2002（4）：20-1.

［10］ 于兴军，许长新. 对流域可持续发展问题的基本认识［J］. 中国水土保持，2003（5）：13-14，46.

［11］ 何艳梅. 我国流域水管理法律体制的演变与发展［J］. 水利经济，2020，38（6）：25-30，6，82.

［12］ BEN-DAOUD M，MAHRAD E，ELHASSNAOUI I，et al. Integrated water resources management：An Indicator framework for water management system assessment in the R′Dom Sub‐basin，Morocco [J]. Environmental Challenges，2021，3：100062.

[13] 曾维华，程声通，杨志峰. 流域水资源集成管理 [J]. 中国环境科学，2001，21（2）：4.

[14] 傅湘，纪昌明. 水资源统一管理的主要内容和方法 [J]. 中国水利，2002（10）：4.

[15] 施国庆，王华，胡庆和，等. 流域水资源一体化管理及其理论框架 [J]. 水资源保护，2007（4）：44‐7，51.

[16] 佟金萍，王慧敏. 流域水资源适应性管理研究 [J]. 软科学，2006（2）：59‐61.

[17] 吴冬梅，曾丽娜. 人力资源协同管理下的 HR 三支柱构建 [J]. 企业经济，2018，37（4）：110‐116.

[18] 左其亭. 黄河下游滩区治理的关键问题及协同治理体系构建 [J]. 科技导报，2020，38（17）：23‐32.

[19] 刘丙军，陈晓宏. 基于协同学原理的流域水资源合理配置模型和方法 [J]. 水利学报，2009，40（1）：60‐66.

[20] 井柳新，孙愿平，孙宏亮，等. 中国地表水‐地下水污染协同管理控制模式初探 [J]. 环境污染与防治，2016，38（3）：95‐98.

[21] 杜栋，苏乐天. 最严格水资源管理制度下水资源协同管理机制浅析 [J]. 人民珠江，2016，37（3）：10‐13.

[22] 刘航，耿煜周，董琦. 国外流域开发保护经验及对我国的启示 [J]. 中国水利，2021（10）：57‐59，61.

[23] 左其亭，崔国韬. 人类活动对河湖水系连通的影响评估 [J]. 地理学报，2020，75（7）：1483‐1493.

[24] 胡光伟，黄作维，许滢，等. 洞庭湖生态经济区水资源与社会经济发展协同度评价 [J]. 水资源与水工程学报，2018，29（5）：21‐27，34.

[25] 左其亭，李倩文，赵维岭，等. 流域水资源协同管理模式及体系 [J]. 水资源与水工程学报，2022，33（1）：1‐7.

[26] 阮本清，梁瑞驹，王浩，等. 流域水资源管理 [J]. 北京：科学出版社，2001.

[27] BISWAS A K. Integrated Water Resources Management：A Reassess-

ment [J]. Water International，2004，29（2）：248 - 256.

[28] 李原园，曹建廷，黄火键，等. 国际上水资源综合管理进展 [J]. 水科学进展，2018，29（1）：11.

[29] 张翔宇，李玉娟，张国玉，等. 最严格水资源管理制度对工业用水效率的影响 [J]. 长江科学院院报，2020，37（5）：23 - 27.

[30] 赵江辉. 江苏县级水利工程质量监管存在的问题及对策 [J]. 人民长江，2017，48（S1）：205 - 207.

[31] WESSELINK S F O，LINGSMA H F，KETELAARS C A J，et al. Effects of Government Supervision on Quality of Integrated Diabetes Care：A Cluster Randomized Controlled Trial [J]. Nederlands Tijdschrift Voor Geneeskunde，2016，160（9）：A9862.

[32] 邰鹏峰. 政府购买公共服务的监管成效、困境与反思——基于内地公共服务现状的实证研究 [J]. 辽宁大学学报：哲学社会科学版，2013，41（1）：95 - 99.

[33] 王冀宁，付晓燕，童毛弟，等. 基于 ANP 的我国食品安全监管环节安全指数模型研究 [J]. 科技管理研究，2017（8）：54 - 59.

[34] 张红凤，吕杰，王一涵. 食品安全监管效果研究：评价指标体系构建及应用 [J]. 中国行政管理，2019（7）：132 - 138.

[35] 刘录民，侯军歧，董银果. 食品安全监管绩效评估方法探索 [J]. 广西大学学报（哲学社会科学版），2009，31（4）：5 - 9.

[36] 梁姝. 水利 PPP 项目合同争议的多元化解决机制研究 [J]. 水利经济，2018，36（1）：64 - 68，91.

[37] 王华. 水利公益性项目实行代建制的动因与关键问题分析 [J]. 水力发电，2005（9）：58 - 61.

[38] 费凯，王小环，朱晓婧，等. 基于演化博弈的水利工程建设市场主体政府监管模式研究 [J]. 水利经济，2019，37（4）：56 - 63，78.

[39] 李明，丰慧，曾隽骥，等. 水利建设市场主体政府监管效果评价指标体系研究 [J]. 水利经济，2018，36（5）：42 - 47，77.

[40] 高建强. 西安市水利工程质量监督效果评价及应用 [D]. 西安：西安理工大学，2018.

[41] 林道辉. 流域可持续发展理论初探 [J]. 浙江大学学报（理学版），

2001 (2): 211-215.

[42] GALLEGO - ÁLVAREZ I, VICENTE - VILLARDÓN J L. Analysis of environmental indicators in international companies by applying the logistic biplot [J]. Ecological Indicators, 2012, 23: 250-261.

[43] 李则杲, 丁绍芳. 可持续发展战略与《中国 21 世纪议程》[J]. 北方工业大学学报, 1996 (4): 1-4.

[44] 朱启贵. 国内外可持续发展指标体系评论 [J]. 合肥联合大学学报, 2000 (1): 11-23.

[45] 王海燕. 论世界银行衡量可持续发展的最新指标体系 [J]. 中国人口·资源与环境, 1996 (1): 43-48.

[46] 曹凤中. 美国的可持续发展指标 [J]. 环境科学动态, 1997 (2): 5-8.

[47] MOSS M. The Measurement of Economic and Social Performance [J]. Nber Books, 1973, 71 (1): 68-122.

[48] MORRIS D. Measuring the Condition of the World's Poor: The Physical Quality of Life Index [M]. New York: Pergamon Press, 1979.

[49] DALY H E, COBB J B. For the Common Good: Redirecting the Economy towards the Conmmunity, the Environment and a Sustainable Future [M]. Boston: Beacon Press, 1989.

[50] BHANOJIRAO V V. Human development report 1990: review and assessment [J]. World Development, 1991, 19 (10): 1451-1460.

[51] COBB G, HALSTEAD C, ROWE T. The Genuine Progress indicator: Summary of Data and Methodology [M]. San Francisco: Redefining Progress, 1995.

[52] LOMAZZI M, BORISCH B, LAASER U. The Millennium Development Goals: experiences, achievements and what's next [J]. Global health action, 2014, 7 (1): 23695.

[53] SCIPIONI A, MAZZI A, MASON M, et al. The Dashboard of Sustainability to measure the local urban sustainable development: The case study of Padua Municipality [J]. Ecological indicators, 2009, 9 (2): 364-380.

［54］ 曹斌，林剑艺，崔胜辉. 可持续发展评价指标体系研究综述 ［J］. 环境科学与技术，2010，33（3）：99-105，22.

［55］ KERK G V D，MANUEL A R. A comprehensive index for a sustainable society：The SSI—the Sustainable Society Index ［J］. Ecological Economics，2008，66（2-3）：228-242.

［56］ 中国科学院可持续发展研究组. 中国可持续发展战略报告 ［M］. 北京：科学出版社，1999.

［57］ 谢洪礼. 关于可持续发展指标体系的述评（三）——中国可持续发展指标体系研究情况简介 ［J］. 统计研究，1999（2）：61-64.

［58］ 郝晓辉. 中国可持续发展指标体系探讨 ［J］. 科技导报，1998（11）：42-46.

［59］ 罗守贵，曾尊固. 可持续发展指标体系研究述评 ［J］. 人文地理，1999（4）：54-59.

［60］ 毛汉英. 山东省可持续发展指标体系初步研究 ［J］. 地理研究，1996（4）：16-23.

［61］ 刘求实，沈红. 区域可持续发展指标体系与评价方法研究 ［J］. 中国人口·资源与环境，1997（4）：60-64.

［62］ 张学文，叶元煦. 黑龙江省区域可持续发展评价研究 ［J］. 中国软科学，2002（5）：84-88.

［63］ 赵多，卢剑波，闵怀. 浙江省生态环境可持续发展评价指标体系的建立 ［J］. 环境污染与防治，2003（6）：380-382.

［64］ 乔家君，李小建. 河南省可持续发展指标体系构建及应用实例 ［J］. 河南大学学报（自然科学版），2005（3）：44-48.

［65］ 卢武强，李家成，黄爱莲. 城市可持续发展指标体系研究 ［J］. 华中师范大学学报（自然科学版），1998（2）：115-120.

［66］ 曹凤中，国冬梅. 可持续发展城市判定指标体系 ［J］. 中国环境科学，1998（5）：79-83.

［67］ 张坤民，何雪炀，温宗国. 中国城市环境可持续发展指标体系研究 ［J］. 生态经济，2000（7）：4-9.

［68］ 金建君，恽才兴，巩彩兰. 海岸带可持续发展及其指标体系研究——以辽宁省海岸带部分城市为例 ［J］. 海洋通报，2001（1）：61-66.

［69］ MARY G，CHAPMAN L P K. Preservation of random megascale e-vents on Mars and Earth：influence on geologic history ［M］. Boulder：Geological Society of America，2009.

［70］ LOWE I. Sustainability Science ［J］. Science，2001，292：641－642.

［71］ 李亚娟，杜彦良，刘培斌，等. 妫水河入官厅水库水污染成因及减排措施评估 ［J］. 南水北调与水利科技（中英文），2021，19（2）：325－333.

［72］ 缪萍萍，石维，张浩，等. 永定河健康评估指标体系及标准研究 ［J］. 中国水利，2019，22，35－37，20.

［73］ 霍守亮，张含笑，金小伟，等. 我国水生态环境安全保障对策研究 ［J］. 中国工程科学，2022，24（5）：1－7.

［74］ 朱婷婷，侯立安，童银栋，等. 面向 2035 年的海河流域水安全保障战略研究 ［J］. 中国工程科学，2022，24（5）：26－33.

［75］ 海河流域北海海域生态环境监督管理局. 海河流域水生态环境评价及"十四五"保护战略研究 ［M］. 北京：中国环境出版集团，2022.